Matthias Zschornak, Dirk C. Meyer

Elektrodynamik und Phänomenologische Thermodynamik Kapieren

De Gruyter Studium

Weitere empfehlenswerte Titel

Klassische Mechanik Kapieren
Experimentalphysik
Matthias Zschornak, Dirk C. Meyer, 2023
ISBN 978-3-11-102989-4, e-ISBN (PDF) 978-3-11-103027-2

Classical Mechanics
Hiqmet Kamberaj, 2021
ISBN 978-3-11-075581-7, e-ISBN (PDF) 978-3-11-075582-4

Physik im Studium – Ein Brückenkurs
Jan Peter Gehrke, Patrick Köberle, 2021
ISBN 978-3-11-070392-4, e-ISBN (PDF) 978-3-11-070393-1

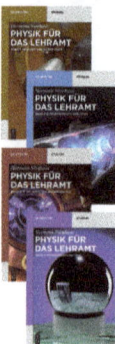

Physik für das Lehramt
Hermann Nienhaus
Band 1 Mechanik und Wärmelehre, 2017
ISBN 978-3-11-046912-7, e-ISBN (PDF) 978-3-11-046913-4
Band 2 Elektrodynamik und Optik, 2019
ISBN 978-3-11-046908-0, e-ISBN (PDF) 978-3-11-046909-7
Band 3 Atom-, Kern- und Quantenphysik, 2022
ISBN 978-3-11-046890-8, e-ISBN (PDF) 978-3-11-046897-7
Band 4 Kondensierte Materie, 2025
ISBN 978-3-11-046914-1, e-ISBN (PDF) 978-3-11-046915-8

Matthias Zschornak, Dirk C. Meyer

Elektrodynamik und Phänomenologische Thermodynamik Kapieren

Experimentalphysik

DE GRUYTER
OLDENBOURG

Autoren

Prof. Dr. rer. nat. Matthias Zschornak
Hochschule für Technik und Wirtschaft Dresden
Professur für Technische Physik
Friedrich-List-Platz 1
01069 Dresden
matthias.zschornak@htw-dresden.de

Prof. Dr. rer. nat. Dirk C. Meyer
Technische Universität Bergakademie Freiberg
Institut für Experimentelle Physik
Leipziger Str. 23
09599 Freiberg
dirk-carl.meyer@physik.tu-freiberg.de

Illustratorin: Franziska Thiele

Bei der Erstellung dieses Buchs sind weder Eichhörnchen, noch Mäuse oder Maulwürfe zu Schaden gekommen. Die Katze hat sich, bis auf eine leicht angesengte Schwanzspitze, ebenfalls wieder erholt.

ISBN 978-3-11-133145-4
e-ISBN (PDF) 978-3-11-133157-7
e-ISBN (EPUB) 978-3-11-133164-5

Library of Congress Control Number: 2025937541

Bibliografische Information der Deutschen Nationalbibliothek
Die Deutsche Nationalbibliothek verzeichnet diese Publikation in der Deutschen Nationalbibliografie;
detaillierte bibliografische Daten sind im Internet über
http://dnb.dnb.de abrufbar.

© 2025 Walter de Gruyter GmbH, Berlin/Boston, Genthiner Straße 13, 10785 Berlin
Coverabbildung: Franziska Thiele
Satz: VTeX UAB, Lithuania

www.degruyter.com
Fragen zur allgemeinen Produktsicherheit:
productsafety@degruyterbrill.com

Inhalt

Teil II: **Phänomenologische Thermodynamik**

1 Einführung

https://doi.org/10.1515/9783111331577-001

1.1 Gegenstand der Elektrodynamik

Die **Elektrodynamik** oder Elektrizitätslehre beschäftigt sich, nach der Mechanik und der Urkraft der Gravitation (erster Band *Klassische Mechanik Kapieren*), mit einem weiteren physikalischen Phänomen nämlich dem Elektromagnetismus. Zur Kopplung der Kraftwirkung an die Masse tritt nun auch die elektrische Ladung als Eigenschaft von Körpern hinzu. Die Elektrodynamik ist somit das Teilgebiet der Physik, das die Bewegung von elektrischen Ladungen und Magneten unter dem Einfluss elektrischer und magnetischer Felder betrachtet. Diese Wechselwirkung kann in der klassischen Elektrodynamik anhand der vier Maxwell-Gleichungen, zwei Materialgleichungen und der Kraftgleichung vollständig beschrieben werden. Dabei können die Begrifflichkeiten der Mechanik wie Energie, Leistung und Impuls weitestgehend übernommen werden.

Der auf dieses Themengebiet bezogene erste Teil dieses Buches führt zunächst die grundlegenden Gesetzmäßigkeiten des Ladungstransports ein, beleuchtet danach die Elektro- und die Magnetostatik gefolgt von Phänomenen instationärer Felder wie der Induktion, dem Wechselstrom und dem elektrischen Schwingkreis.

1.2 Gegenstand der phänomenologischen Thermodynamik

Die **Thermodynamik** erweitert die Modelle zur Beschreibung von Systemen von Körpern aus der Mechanik hin zu sehr großen Ensembles von Teilchen und deren Dynamik und Eigenschaften. Die mechanische Energie der Bewegung vieler Atome und Moleküle ist dabei prinzipiell die Wärmeenergie dieser Systeme und führt auf die Zustandsgröße Temperatur. Im Rahmen dieses Buches wird überwiegend auf die phänomenologische Beschreibung der Prozesse und Vorgänge eingegangen, d. h. auf die Erklärung der physikalischen Phänomene anhand makroskopischer Zustands- und Prozessgrößen, da diese einfacher zu behandeln sind als bei der statistischen Betrachtung der Vielzahl an Teilchen im untersuchten System.

Der auf dieses Themengebiet bezogene zweite Teil dieses Buches behandelt, nach grundlegender Einführung thermodynamischer Größen und Zusammenhänge, insbesondere die Themenbereiche Wärmetransport, Zustandsänderungen von Gasen, Zustandsdiagramme, Kreisprozesse und die beiden thermodynamischen Hauptsätze.

Teil I: **Elektrodynamik**

2 Größen, Definitionen und Gesetze in der Elektrodynamik

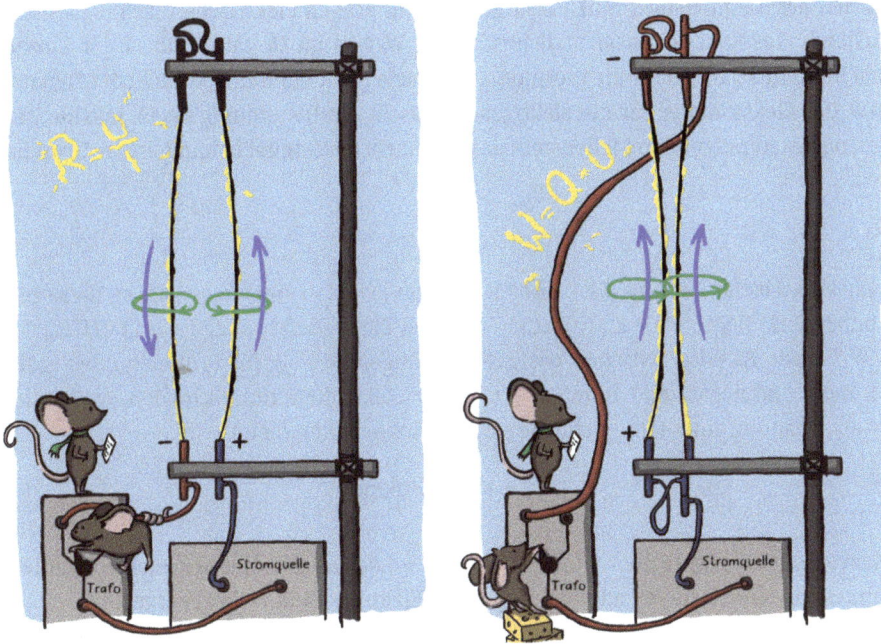

https://doi.org/10.1515/9783111331577-003

2.1 Ladung, Stromstärke, Spannung und Widerstand

Elektrizität ist eine an Materie gebundene Eigenschaft, die unser Leben in ganz besonderer Weise prägt. Ihre Eigenheit ist es, dass gewisse Bestandteile unserer Umwelt eine Ladung aufweisen können. Befinden sich diese Ladungen in Bewegung, kommt das Phänomen des Magnetismus hinzu und gemeinsam prägen elektrische und magnetische Zustände des Raumes unser tägliches Leben. War es im 18. Jahrhundert der Einsatz von Dampfmaschinen für die thermomechanische Kraftwandlung, so stellt der Dynamo bzw. der Elektromotor für die elektromechanische Kraftwandlung im 19. Jahrhundert den nächsten prägenden Meilenstein dar. Die nächsten Kapitel behandeln die Grundlagen.

> **Ladung**
>
> Die **elektrische Ladung** Q ist eine Eigenschaft der Materie, d. h., sie ist an diese gebunden. Sie liegt stets quantisiert in Form von Elementarladungen $e = 1{,}602176634 \cdot 10^{-19}$ C vor. Es wird zwischen positiven Ladungen $+e$ (z. B. für Protonen oder Positronen) und negativen Ladungen $-e$ (z. B. für Elektronen) unterschieden, wobei die Gesamtladung eines (ab)geschlossenen Systems erhalten bleibt.
>
> $$[Q] = 1\,\text{C} \quad (\text{Coulomb})$$

Makroskopisch gesprochen wird eine negative Ladung durch einen Elektronenüberschuss und eine positive Ladung durch einen Elektronenmangel hervorgerufen.

> **Stromstärke**
>
> Die **elektrische Stromstärke** I beschreibt die gerichtete Bewegung einer kleinen Ladungsmenge dQ in einem kleinen Zeitintervall dt durch eine bestimmte Fläche.
>
> $$\boxed{I = \frac{dQ}{dt}} \tag{2.1}$$
>
> $$[I] = 1\,\frac{\text{C}}{\text{s}} = 1\,\text{A} \quad (\text{Ampere})$$

Die auf die Fläche A (z. B. einen Leiterquerschnitt) normierte Stromstärke wird als Stromdichte j bezeichnet:

$$j = \frac{I}{A} \tag{2.2}$$

Ein Strom $I(t)$ transportiert zwischen zwei Zeiten t_1 und t_2 eine gewisse Ladung Q:

$$Q = \int_{t_1}^{t_2} I(t)\,dt \tag{2.3}$$

Definition: Maß für den Strom

Eine Stromstärke besitzt dann den Wert **1 Ampere**, wenn ein Strom von $1 C$ ($\hat{=} 1/(1{,}602176634 \cdot 10^{-19}$ Elementarladungen, z. B. Elektronen) pro Sekunde fließt.

vor dem Jahr 2019: ..., wenn der durch zwei im Abstand von 1 m befindliche geradlinige, parallele Leiter (mit Durchmesser null) fließende Strom eine Kraft je Meter Länge von $2 \cdot 10^{-7} \frac{N}{m}$ hervorruft.

In Anknüpfung an die drei Basiseinheiten der Mechanik ist das Ampere damit die vierte bisher eingeführte fundamentale Größe im Internationalen Einheitensystem (SI). Ein stationärer (d. h. zeitlich unveränderlicher) Strom verursacht ein (statisches) Magnetfeld, hat eine chemische Wirkung und führt i. A. zu einer Erwärmung des elektrischen Leiters. Die technische Stromrichtung ist von + nach – festgelegt.

Spannung

Die **elektrische Spannung** U ist ein Maß für die Ladungstrennungsarbeit W.

$$\boxed{U = \frac{W}{Q}} \tag{2.4}$$

$$[U] = 1 \frac{J}{C} = 1 V \quad \text{(Volt)}$$

Die Spannung ist fernerhin die zwischen zwei Punkten bestehende Potentialdifferenz des elektrostatischen Potentials φ (Abschnitt 4.3):

$$U_{12} = -\Delta\varphi = \varphi_1 - \varphi_2 \tag{2.5}$$

Beispiel. *Spannungsquelle mit Widerstand*   **!**

Eine Spannungsquelle (Ladungstrennungsarbeit wurde verrichtet) habe zwischen ihren Polen eine sogenannte Urspannung U_0, wie in Abb. 2.1 gezeigt. Ihr Pluspol ist durch ein höheres Potential, d. h. Elektronenmangel, und ihr Minuspol durch ein niedrigeres Potential, d. h. Elektronenüberschuss, charakterisiert. Wird nun der Stromkreis über ein passives Bauelement (z. B. Widerstand R) geschlossen, kommt es dabei zu einem Stromfluss I vom Pluspol zum Minuspol und zu einem Spannungsabfall über das Bauelement. Passive Bauelemente (Widerstände, Kondensatoren, Spulen etc.) haben weitgehend konstante elektrische Eigenschaften, währenddessen aktive Bauelemente (Dioden, Transistoren etc.) diese aufgrund von physikalischen Effekten ändern können. Die Temperaturabhängigkeit ist explizit auch bei passiven Bauelementen zu berücksichtigen.

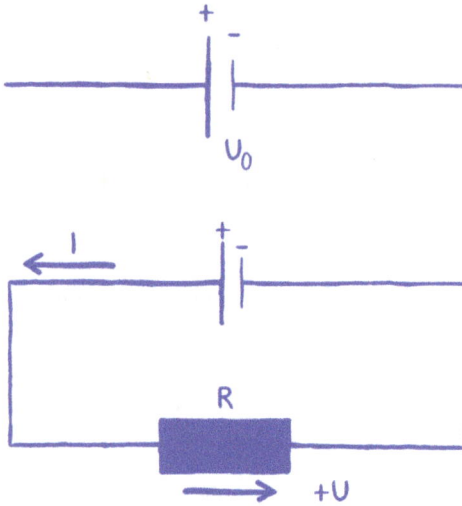

Abb. 2.1: Spannungsquelle mit Urspannung U_0 separat (oben) und im Stromkreis mit einem Widerstand R (unten). Die Urspannung fällt über dem Widerstand R ab und verursacht einen Stromfluss I.

Widerstand

Der **elektrische Widerstand** R ist ein Maß für die Hemmung des elektrischen Stroms und ist über das Ohm'sche Gesetz (Abschnitt 2.2) definiert.

$$[R] = 1\,\Omega \quad \text{(Ohm)}$$

2.2 Ohm'sches Gesetz

Ohm'sches Gesetz

Das **Ohm'sche Gesetz** besagt, dass der durch eine Spannung U in einem Widerstand R hervorgerufenen Stromfluss I proportional zur angelegten Spannung U ist.

$$R = \frac{U}{I} = \text{const.} \tag{2.6}$$

Der elektrische Widerstand beträgt somit 1 Ohm, wenn zwischen zwei Punkten eines metallischen Leiters beim Spannungsabfall von 1 Volt ein Strom von genau 1 Ampere fließt. Das ist ganz ähnlich zu Steinen oder anderen Hindernissen in einem Fluss, die die Wasserströmung ablenken und damit verlangsamen. Das Ohm'sche Gesetz gilt streng genommen nur für den Spezialfall von Metallen und Elektrolyten bei konstanter Temperatur.

Der Kehrwert des Widerstands ist ein Maß für die **elektrische Leitfähigkeit** σ und wird als **Leitwert** G bezeichnet:

$$G = \frac{1}{R} \tag{2.7}$$

$$[G] = 1\,\frac{A}{V} = 1\,S \quad \text{(Siemens)}$$

Beispiel. *Widerstand eines Drahts*   **!**

Der Widerstand eines metallischen Drahts mit der Länge l und der Querschnittsfläche A ergibt sich zu $R = \rho\frac{l}{A}$, wobei der **spezifische elektrische Widerstand** $\rho = R\frac{A}{l}$ die Materialabhängigkeit unabhängig von den geometrischen Maßen charakterisiert. Die **(spezifische) elektrische Leitfähigkeit** σ stellt demnach mit $\sigma = \frac{1}{\rho} = \frac{l}{R \cdot A}$ wieder den Reziprokwert der Materialgröße dar. Der Leitwert des Drahtes wird entsprechend mit $G = \sigma\frac{A}{l}$ berechnet.

2.3 Kirchhoff'sche Regeln

Knotenregel
Die **Knotenregel** besagt, dass die Summe aller zu einem Knoten hinfließenden Ströme gleich der Summe aller von ihm wegfließenden Ströme ist. Unter Berücksichtigung der Vorzeichen gilt:

$$\boxed{\sum_i^n I_i = 0} \tag{2.8}$$

Dabei ist ein **Knoten** ein Punkt, an dem mehrere Leiterzweige zusammenlaufen. Es geht demnach keine Ladung verloren und es kommt auch keine hinzu.

Beispiel. *Knotenregel*   **!**

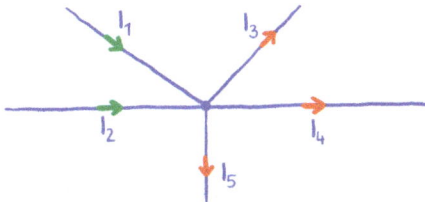

Abb. 2.2: Knoten mit zwei einlaufenden und drei auslaufenden Strömen.

Für den Knoten in Abb. 2.2 kann die Knotenregel angewendet werden. Die einlaufenden Ströme I_1 und I_2 werden auf die linke Seite und die auslaufenden Ströme I_3, I_4, I_5 auf die rechte Seite der Gleichung geschrieben:

$$I_1 + I_2 = I_3 + I_4 + I_5 \tag{2.9}$$

Maschenregel

Die **Maschenregel** besagt, dass in einer Masche die Summe aller treibenden Spannungen U_{0i} gleich der Summe aller Spannungsabfälle U_j ist:

$$\sum_{i=1}^{m} U_{0i} = \sum_{j=1}^{n} U_j = \sum_{j=1}^{n} I_j \cdot R_j \tag{2.10}$$

Unter der Vorzeichenkonvention negativer treibender Spannungen gilt demnach:

$$\boxed{\sum_{i=1}^{m+n} U_i = 0} \tag{2.11}$$

Eine **Masche** ist ein beliebig geschlossener Stromkreis in einem Netzwerk. Der Ringschluss um eine Masche führt in Summe also auf das ursprüngliche Spannungsniveau, unabhängig von der Anzahl und Größe der Verbraucher und Spannungsquellen in der Masche.

! **Beispiel.** *Maschenregel*

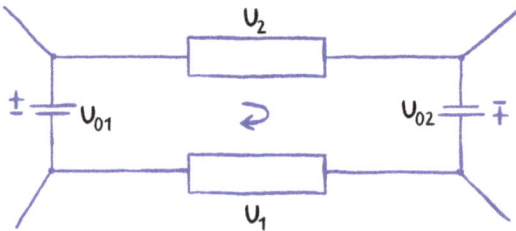

Abb. 2.3: Masche mit zwei Spannungsquellen und zwei Widerständen (Verbraucher). Die Umlaufrichtung kann beliebig erfolgen, hier wurde die Richtung des technischen Stromflusses gewählt.

Die Maschenregel für die in Abb. 2.3 dargestellte Masche (mit positiven U_1, U_2 der Widerstände und negativen U_{01}, U_{02} der Spannungsquellen) lautet:

$$U_{01} + U_{02} + U_1 + U_2 = 0 \tag{2.12}$$

Anwendung der Kirchhoff'schen Regeln auf Schaltungen von Widerständen

- **Reihenschaltung:** Für den Knoten zwischen zwei aufeinanderfolgend angeordneten Widerständen (Abb. 2.4) gilt nach der Knotenregel, dass der Strom durch R_1 gleich dem durch R_2 ist:

$$I_1 = I_2 = I \tag{2.13}$$

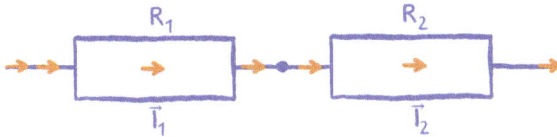

Abb. 2.4: Stromerhalt in Reihenschaltung.

Weiterhin lässt sich der Gesamtwiderstand ausdrücken über

$$R_{ges} = R_1 + R_2 \tag{2.14}$$

und mit $I \cdot R_{ges} = I \cdot (R_1 + R_2)$ folgt:

$$U_{ges} = U_1 + U_2 \tag{2.15}$$

Mit dem Ohm'schen Gesetz ergibt sich zudem

$$I = \frac{U_1}{R_1} = \frac{U_2}{R_2} \tag{2.16}$$

und schließlich die Spannungsteilerregel für die Reihenschaltung:

$$\frac{U_1}{U_2} = \frac{R_1}{R_2} \quad \textbf{Spannungsteilerregel} \tag{2.17}$$

$$U_k \sim R_k \quad \text{(Verallgemeinerung } k \text{ Elemente)} \tag{2.18}$$

- **Parallelschaltung:** Für den Knoten in Abb. 2.5, der sich zwischen zwei in Parallelschaltung angeordneten Widerständen befindet, gilt nach der Knotenregel:

$$I_1 + I_2 = I \tag{2.19}$$

d. h., der Strom I teilt sich in zwei Teilströme I_1 und I_2 durch die beiden Widerstände auf.

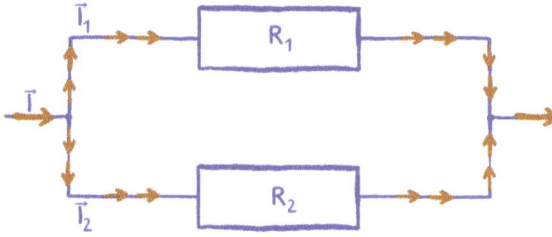

Abb. 2.5: Stromaufteilung in Parallelschaltung.

Aus der Maschenregel ergibt sich, dass der Spannungsabfall über den beiden Widerständen gleich ist. Somit gilt:

$$U = I \cdot R_{\text{ges}} \overset{!}{=} I_1 \cdot R_1 \overset{!}{=} I_2 \cdot R_2 \tag{2.20}$$

und damit die Stromteilerregel für die Parallelschaltung:

$$\frac{I_1}{I_2} = \frac{R_2}{R_1} \quad \textbf{Stromteilerregel} \tag{2.21}$$

$$I_k \sim \frac{1}{R_k} \quad \text{(Verallgemeinerung } k \text{ Elemente)} \tag{2.22}$$

Unter Anwendung der aufgestellten Knotenregel, Maschenregel und des Ohm'schen Gesetzes lässt sich ein Ausdruck für den Gesamtwiderstand finden:

$$I = \frac{U}{R_{\text{ges}}}, \quad I_1 = \frac{U}{R_1}, \quad I_2 = \frac{U}{R_2} \quad \Rightarrow \quad \frac{U}{R_{\text{ges}}} = \frac{U}{R_1} + \frac{U}{R_2} \tag{2.23}$$

$$\frac{1}{R_{\text{ges}}} = \frac{1}{R_1} + \frac{1}{R_2} \quad \textbf{Gesamtwiderstand} \tag{2.24}$$

2.4 Klemmspannung

Eine Spannungsquelle hat in der Regel einen Innenwiderstand R_i, der unvermeidbar ist und sich auf die an einem Verbraucher anliegende Spannung, die sogenannte Klemmspannung U_{kl}, auswirkt. Um diesen Einfluss zu erfassen, wird ein entsprechender Schaltplan (Abb. 2.6) näher betrachtet.

Für den Strom gilt mit Urspannung U_0 und Innenwiderstand R_i:

$$I = \frac{U}{R} = \frac{U_0}{R_i + R_a} \tag{2.25}$$

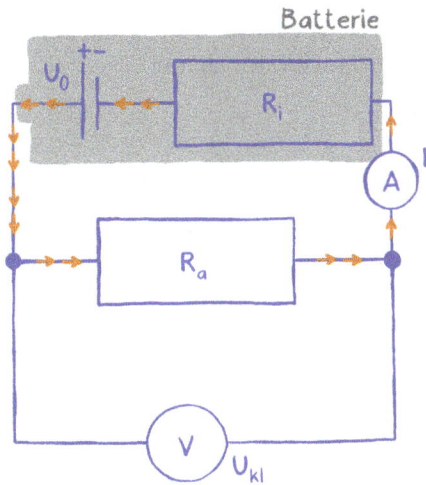

Abb. 2.6: Die Klemmspannung U_{kl} sinkt unter zunehmender Last R_a im Vergleich zur Urspannung U_0 der Spannungsquelle, da diese einen Innenwiderstand R_i hat.

Gemäß der Maschenregel folgt über die Summe der Spannungen:

$$U_{kl} = U_0 - U_i = U_0 - R_i I = U_0 - R_i \frac{U_0}{R_i + R_a} \tag{2.26}$$

Klemmspannung

Die **Klemmspannung** U_{kl} ist jene Spannung, die eine reale Spannungsquelle nach außen über ihre Anschlüsse abgibt. Sie berücksichtigt die Urspannung U_0 und den Innenwiderstand R_i der Spannungsquelle, sowie den Widerstand eines angeschlossenen Verbrauchers R_a.

$$U_{kl} = \frac{R_a}{R_i + R_a} \cdot U_0 \tag{2.27}$$

Aus der Formel für die Klemmspannung ergeben sich zwei Zusammenhänge:

1. Die Klemmspannung, bedingt durch den Innenwiderstand, ist immer kleiner als die Urspannung. Die Urspannung von Spannungsquellen nimmt bei steigender Belastung, d. h. abnehmendem Widerstand R_a des angeschlossenen Verbrauchers, ab.

2. Die Klemmspannung für Verbraucher mit sehr großen Widerständen entspricht in etwa der Urspannung:

$$\frac{R_a \cdot 1}{R_a(\frac{R_i}{R_a} + 1)} \quad \text{für } R_a \to \infty, \ U_{kl} \to U_0 \tag{2.28}$$

Bemerkung: Aus der Spannungsquelle lässt sich eine maximale Leistung entnehmen, wenn der Widerstand des Verbrauchers gleich dem Innenwiderstand ist.

2.5 Elektrische Leistung und elektrische Arbeit

Elektrische Leistung

Die **elektrische Leistung** P ist das Produkt aus Spannung U und Stromstärke I. Sie entspricht der umgesetzten elektrischen Energie pro Zeit.

$$\boxed{P = U \cdot I}$$
(2.29)

$$[P] = 1\,\mathrm{V} \cdot \mathrm{A} = 1\,\mathrm{Nm} \cdot \mathrm{s}^{-1} = 1\,\mathrm{W} \quad (\text{Watt})$$

Die Spannung 1 Volt liegt dann zwischen zwei Punkten eines metallischen Leiters an, wenn bei einer Stromstärke von 1 Ampere genau 1 Watt an elektrischer Leistung P_{ab} abgegeben wird:

$$U = \frac{P_{\mathrm{ab}}}{I}$$
(2.30)

$$P_{\mathrm{ab}} = \frac{\Delta W}{\Delta t} = \frac{U \cdot \Delta Q}{\Delta t} = U \cdot I$$
(2.31)

Mit dem Ohm'schen Gesetz können Spannung bzw. Strom aus der Gleichung eliminiert werden:

$$P = \frac{U^2}{R} = I^2 R$$
(2.32)

Elektrische Energie

Die **elektrische Energie** E ist die Fähigkeit des elektrischen Stromes, mechanische Arbeit zu verrichten, Wärme abzugeben oder Licht auszusenden.

Elektrische Arbeit

Die **elektrische Arbeit** W ist die zwischen elektrischer Energie und anderen Energieformen umgewandelte Energie. Die elektrische Arbeit entspricht der über eine Zeit wirkenden elektrischen Leistung P.

$$\boxed{W = \int P\,dt = \int U \cdot I\,dt}$$
(2.33)

$$[W] = 1\,\mathrm{W} \cdot \mathrm{s} = 1\,\mathrm{J} \quad (\text{Joule})$$

Sowohl Leistung $P(t)$, als auch Spannung $U(t)$ und Stromstärke $I(t)$ können hierbei zeitlich veränderlich sein. Falls die Spannung und die Stromstärke konstant sind (U = const., I = const.), vereinfacht sich der Ausdruck zu:

$$W = P \cdot t = U \cdot I \cdot t \tag{2.34}$$

$$= R \cdot I^2 \cdot t = \frac{U^2}{R} \cdot t \tag{2.35}$$

bzw. mit $I = \frac{Q}{t}$:

$$W = U \cdot Q \tag{2.36}$$

Beispiel. *Maximal entnehmbare Leistung aus einer Spannungsquelle*

Nach Gl. (2.32) ist die aus einer Spannungsquelle entnehmbare Leistung durch die Klemmspannung U_{kl} und den Widerstand des Verbrauchers R_a gegeben. Die Klemmspannung ist nach Gl. (2.27) wiederum abhängig vom Verhältnis aus R_a und Innenwiderstand R_i der Spannungsquelle. Damit gilt:

$$P = \frac{U_{kl}^2}{R_a} = \frac{\frac{R_a^2}{(R_i+R_a)^2}}{R_a} \cdot U_0^2 = \frac{R_a}{R_i^2(1+\frac{R_a}{R_i})^2} \cdot U_0^2 = \frac{\frac{R_a}{R_i}}{(1+\frac{R_a}{R_i})^2} \cdot \frac{U_0^2}{R_i} \tag{2.37}$$

$$P \leq \frac{U_0^2}{4R_i} \tag{2.38}$$

Der Vorfaktor kann maximal den Wert $\frac{1}{4}$ annehmen. Dies ist der Fall, wenn $R_a = R_i$, d. h., der Widerstand der angeschlossenen Last gleich dem Innenwiderstand der Spannungsquelle ist.

Kapitelzusammenfassung

!

Gleichstromkreis

Elektrische Stromstärke	$I = \dfrac{dQ}{dt}$
Stromdichte	$j = \dfrac{I}{A}$
Elektrische Leistung	$P = U \cdot I$
Elektrische Arbeit	$W = Q \cdot U$
Ohm'sches Gesetz	$R = \dfrac{U}{I}$
Widerstand eines Drahtes	$R = \rho \dfrac{l}{A}$
Leitwert eines Drahtes	$G = \sigma \dfrac{A}{l}$
Kirchhoff'sche Gesetze:	
Knotensatz	$\displaystyle\sum_{n} I_n = 0$
Maschensatz	$\displaystyle\sum_{i=1}^{m} U_{0i} = \sum_{j=1}^{n} I_j \cdot R_j$
Reihenschaltung von Widerständen	$R = \displaystyle\sum_{i=1} R_i$
Spannungsteilerregel	$\dfrac{U_1}{U_2} = \dfrac{R_1}{R_2}$
Parallelschaltung von Widerständen	$\dfrac{1}{R} = \displaystyle\sum_{i=1} \dfrac{1}{R_i}$
Stromteilerregel	$\dfrac{I_1}{I_2} = \dfrac{R_2}{R_1}$

3 Ladungstransport

https://doi.org/10.1515/9783111331577-004

3.1 Ladungstransport in Flüssigkeiten

In Flüssigkeiten fungieren **Ionen** als Ladungsträger. Sie tragen elektrische Elementarladungen entsprechend ihrer Wertigkeit. Positiv geladene Ionen werden als **Kationen** und negativ geladene Ionen als **Anionen** bezeichnet. Wie in Abb. 3.1 gezeigt, bewegen sich bei angelegter Spannungsquelle Kationen zur negativ geladenen Elektrode, der **Kathode**, und Anionen zur positiv geladenen Elektrode, der **Anode**.

! **Beispiel.** *Kupfersulfat in wässriger Lösung unter externer Spannungsquelle*

Auf den Elektroden wird durch die angelegte Spannungsquelle ein Elektronenüberschuss (-) bzw. ein Elektronenmangel (+) hervorgerufen. $CuSO_4$ dissoziiert bzw. teilt sich auf in die Kationen Cu^{2+} und Anionen SO_4^{2-}. Die Kationen wandern zur Kathode (−) und die Anionen zur Anode (+).

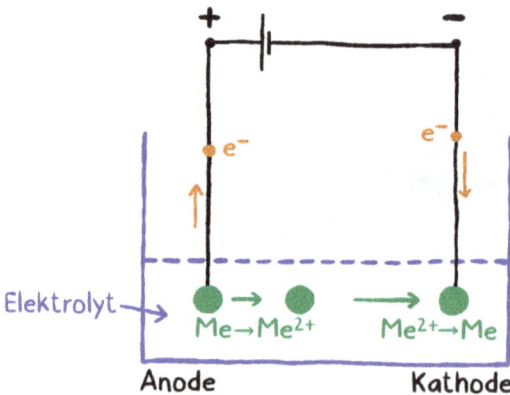

Abb. 3.1: Auflösung eines zweiwertigen Metalls Me/Me^{2+}, z. B. Kupfer, durch Oxidation an der linken und Abscheidung durch Reduktion an der rechten Elektrode mittels Elektrolyse.

Der Ladungstransport in Flüssigkeiten mithilfe von Ionen ist immer mit einem Massetransport verbunden. Das eröffnet die Möglichkeit, beispielsweise Metalle an der Kathode abzuscheiden. Dieser Prozess wird vielfältig, z. B. zum Verchromen, genutzt.

Faraday'sches Gesetz

Gemäß dem **Faraday'schen Gesetz** sind die abgeschiedenen Massen m der transportierten Ladung Q proportional. Proportionalitätsfaktor ist das **elektrochemische Äquivalent Ä**.

$$m = Ä \cdot Q = Ä \cdot I\,t \qquad (3.1)$$

$$Ä = \frac{M}{zeN_A} \qquad (3.2)$$

M ... molare Masse, z ... Wertigkeit, N_A ... Avogadro-Zahl
(Diese physikalischen Größen werden im Kapitel 9 näher betrachtet.)

3.2 Ladungstransport im Vakuum und in Gasen

Vakuum

Als Vakuum bezeichnet man materiefreien Raum, wie etwa im Weltall. Da die elektrische Ladung jedoch an Materie gebunden ist, müssen für einen Ladungstransport im Vakuum zunächst Ladungsträger, zumeist **Elektronen**, freigesetzt werden. Dies kann **thermisch**, z. B. über das Erhitzen einer Glühkathode, oder **photonisch**, d. h. mithilfe elektromagnetischer Wellen (äußerer photoelektrischer Effekt – für die Deutung erhielt Einstein im Jahr 1921 den Physik-Nobelpreis), geschehen. Ein Spezialfall ist die Erzeugung von Elektron-Positron-Paaren aus energiereichen Photonen (etwa am Synchrotron – darüber kann man philosophieren, denn aus Energie entsteht Materie). Die in Abb. 3.2 durch die Glühkathode emittierten Elektronen werden anschließend in Richtung der Anode beschleunigt und verursachen so den Ladungstransport in der Elektronenröhre.

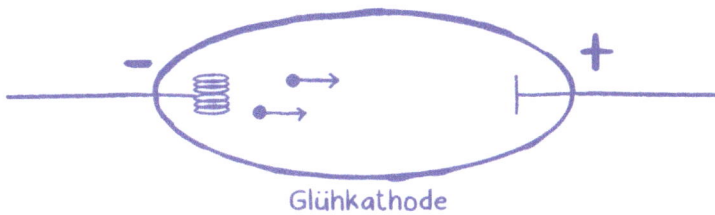

Abb. 3.2: Thermische Freisetzung von Ladungsträgern (Elektronen) in der Glühkathode.

Ein freies, d. h. ungebundenes Elektron kann jeden beliebigen Wert seiner kinetischen Energie E annehmen. Wie Abb. 3.3 veranschaulicht, besitzen **freie Elektronen** gerade die von der Geschwindigkeit v bzw. dem Impuls p abhängige (kinetische) Energie E. (Quantenmechanisch wird im Welle-Teilchen-Bild der Impuls auch als $\hbar k$ über die Wellenzahl k und das reduzierte Planck'sche Wirkungsquantum $\hbar = h/2\pi$ ausgedrückt.) Die Energie-Impuls-Beziehung, auch Dispersionsrelation genannt, erklärt an vielen Stellen der Physik das Wellenverhalten und wird immer wieder auftauchen. Sie folgt hier einer Parabel:

$$E = \frac{m}{2}v^2 = \frac{p^2}{2m} = \frac{(\hbar k)^2}{2m} \tag{3.3}$$

Gas

In Gasen ist ein Ladungstransport durch **Gasionen** und **Elektronen** möglich (Abb. 3.4). Bei Zusammenstößen von Elektronen und Gasionen kann es zur Rekombination also zum Ladungsausgleich, oder zur zusätzlichen Ionisation also Ladungstrennung kommen. Ein weiterer Transportmechanismus für Ladungen ist die **Funkenentladung**. Bei

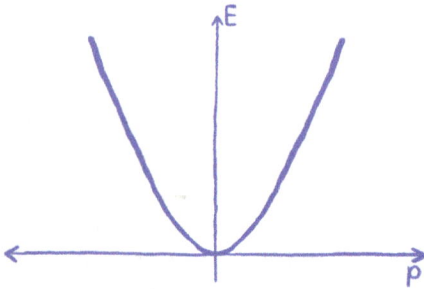

Abb. 3.3: Energie-Impuls-Beziehung für das freie Elektron.

Überschreiten einer gewissen Durchschlagsspannung entsteht ein elektrisch leitendes Plasma entlang eines dünnen Kanals. Die Materie hat sich in viele geladene Bestandteile aufgelöst, was auch als vierter Aggregatzustand bezeichnet wird. Nach dem Ladungsausgleich erlischt der Lichtblitz, wie bei einem Gewitter. In Leuchtstoffröhren wird nach dem Zünden kontinuierlich ein Plasma aufrechterhalten, das jedoch aufgrund der geringen Gasdichte als Niederdruckplasma bezeichnet wird. Auch hier wird der Ladungstransport mittels Gasionen und Elektronen ausgenutzt.

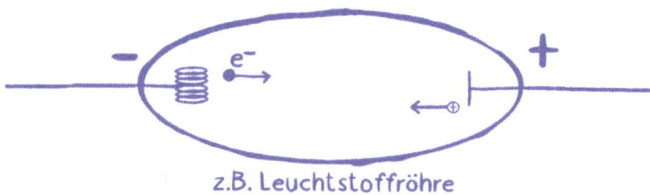

z.B. Leuchtstoffröhre

Abb. 3.4: Transport durch Gasionen und Elektronen.

3.3 Ladungstransport im Festkörper

In Atomen sind Elektronen durch die Coulombkraft (vgl. Abschnitt 4.1) an Atomkerne **gebunden** und kreisen um diese, wie die Planeten in einem Sonnensystem aufgrund der Gravitationskraft um die Sonne. Die Elektronen haben ähnlich den Planeten auch weitere Eigenschaften, z. B. einen Eigendrehimpuls, der auf der Erde Tag und Nacht hervorbringt. Sie sind ohne größere Störungen auf einer Bahn um das Zentrum unterwegs, was auf den Planeten die Jahreszeiten bedingt. Die Quantenmechanik beschreibt nun, dass Elektronen nur diskrete Energiewerte annehmen können, die häufig als Energieniveaus bezeichnet werden. Der tiefste energetische Zustand ist die sogenannte K-Schale, also jene Bahn (auch elektronisches Orbital genannt), welche dem Atomkern als Kraftzentrum am nächsten liegt. Auf dieser finden bis zu zwei Elektronen ihren Platz im Umlauf um den Kern. Dann spannt sich über die weiteren Sphären (L, M etc.) eine wissenschaftliche Welt auf. Mit dieser beschäftigt sich insbesondere die Atomphysik, die noch wesentlich komplexere Zusammenhänge und Wechselwirkungen untersucht. In Abb. 3.5 sind beispielhaft die Energieniveaus der K- und L-Schale dargestellt.

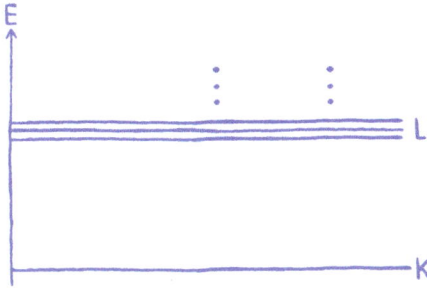

In Festkörpern liegen Atome nicht isoliert voneinander vor, sondern sie wechselwirken miteinander. Das führt zu einer „Aufweichung" der diskreten (atomaren) Energieniveaus (Abb. 3.5) und zur Bildung sogenannter **Energiebänder**, wie in Abb. 3.6 gezeigt. Von besonderer Bedeutung sind zwei Bänder. Das **Valenzband** ist das energetisch höchste Band, welches bei tiefen Temperaturen noch vollständig mit Elektronen besetzt ist. Das **Leitungsband** ist das energetisch niedrigste Band, welches nur teilweise oder noch nicht mit Elektronen besetzt ist. Steigt die Temperatur, etwa auf Raumtemperatur, können sich auch in diesem Band Elektronen befinden. Mithilfe der beiden Bänder lassen sich eine Vielzahl von Phänomenen in Festkörpern erklären. Werden beispielsweise **Elektronen** in das Leitungsband angeregt (thermisch aufgrund der Temperatur oder photonisch durch Licht), so stehen diese als freie Ladungsträger zur Verfügung und ermöglichen einen Stromfluss. Ebenso tragen fehlende Elektronen im Valenzband, sogenannte **Löcher**, zur elektrischen Leitfähigkeit bei. Das ist wie auf einer vollen Autobahn, auf der Autos immer Lücke für Lücke aufschießen und so vorwärtskommen. Im Gesamtbild sieht es so aus, als würden die Lücken in entgegengesetzte Fahrtrichtung wandern.

Der Abstand zwischen Valenz- und Leitungsband heißt **Bandlücke**, ein für Elektronenniveaus verbotener Energiebereich. Sie bildet die Grundlage, um Festkörper entsprechend ihrer elektrischen Leitfähigkeit in **Leiter** (keine Bandlücke), **Halbleiter** (kleine Bandlücke < 3 eV) und **Isolatoren** (große Bandlücke > 3 eV) einzuteilen. Zur Einordnung der **Energieskala eV** (Elektronenvolt): Ein Elektron, das eine Beschleunigungsspannung von 1 Volt durchläuft, hat eine kinetische Energie von genau 1 eV gewonnen.

In Metallen nimmt die elektrische Leitfähigkeit mit zunehmender Temperatur aufgrund stärkerer Wechselwirkung der Elektronen mit dem atomaren Gitter während des Ladungstransports bzw. Flusses ab. (Sie „reiben" sich stärker an Widerständen im Flussverlauf.) Im Halbleiter ist diese Abhängigkeit gerade entgegengesetzt und die Leitfähigkeit nimmt mit der Temperatur aufgrund einer größeren Anzahl an frei beweglichen Ladungsträgern (Elektronen und Löcher) durch den dominierenden Prozess der

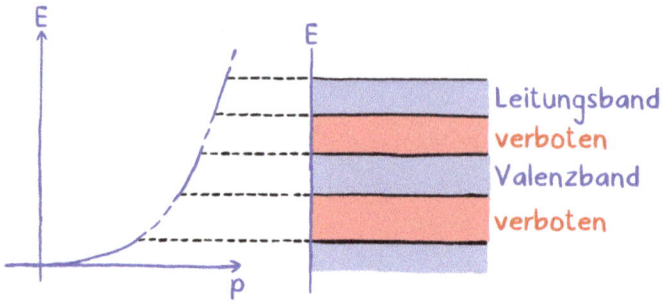

Abb. 3.6: Energiebänder im Festkörper.

thermischen Anregung über die Bandlücke zu. Sie bekommen unter der höheren Temperatur weitere Gesellen hinzu, die mit ihnen voranstreben und den Strom verstärken. Im Isolator bleibt aufgrund der großen Bandlücke das Leitungsband auch bei hohen Temperaturen weitestgehend leer.

Kapitelzusammenfassung

Ladungstransport

Faraday'sches Gesetz

$$m = \ddot{A}\,Q = \ddot{A}\,I\,t$$

$$\ddot{A} = \frac{M}{zeN_A}$$

Dispersionsrelation freies Elektron

$$E = \frac{p^2}{2m} = \frac{(\hbar k)^2}{2m}$$

4 Elektrostatik

https://doi.org/10.1515/9783111331577-005

4.1 Kräfte zwischen Ladungen

Die Coulombkraft ist eine **Zentralkraft**, da sie immer in radialer Richtung wirkt. Zudem ist sie eine **Potentialkraft**. Damit ist sie ähnlich zur Gravitationskraft, die auch eine Zentral- und Potentialkraft ist (vgl. Gravitationsgesetz, Mechanik). In der Wissenschaft wird diskutiert, dass gerade diese beiden Kraftgesetze stabile Zustände für unser Leben in einer dreidimensionalen Welt erklären. Der entscheidende Unterschied zwischen den beiden ist, dass die Coulombkraft auch eine abstoßende Kraftwirkung mit einschließt. Diese tritt zwischen zwei gleichnamigen Ladungen auf.

Coulomb'sches Gesetz

Das **Coulomb'sche Gesetz** beschreibt die Kraft zwischen zwei Punktladungen Q_1 und Q_2 mit dem Abstand r_{12} zueinander gemäß:

$$\vec{F}_{12} = \frac{1}{4\pi\varepsilon_0} \frac{Q_1 \cdot Q_2}{r_{12}^2} \vec{e}_r \quad \textbf{Coulombkraft} \tag{4.1}$$

$\vec{e}_r$ ... Einheitsvektor in radialer Richtung

$\varepsilon_0 = 8,854 \cdot 10^{-12}\,\mathrm{C^2/Nm^2}$ ... Dielektrizitätskonstante/ elektrische Feldkonstante/ Influenzkonstante

Für die Coulombkraft gilt das Gegenwirkungsprinzip (3. Newton'sches Axiom, Mechanik), d.h., die Kraft zwischen zwei Ladungen ist vom Betrag her gleich, wirkt jedoch in entgegengesetzte Richtungen: $\vec{F}_{21} = -\vec{F}_{12}$ (Abb. 4.1). Des Weiteren gilt das **Superpositionsprinzip**, d.h., die Gesamtkraft auf eine Ladung durch ein Ladungssystem ergibt sich durch die Überlagerung der einzelnen Kräfte. Abbildung 4.2 zeigt das Superpositionsprinzip beispielhaft für den Fall von drei wechselwirkenden Ladungen.

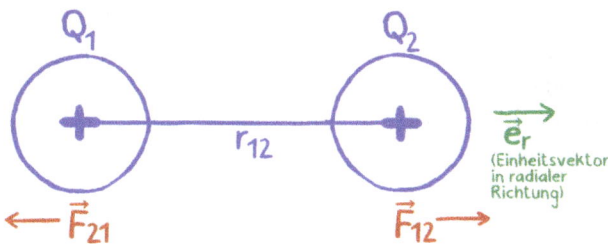

Abb. 4.1: Kräftewirkung gemäß dem Coulomb'schen Gesetzes.

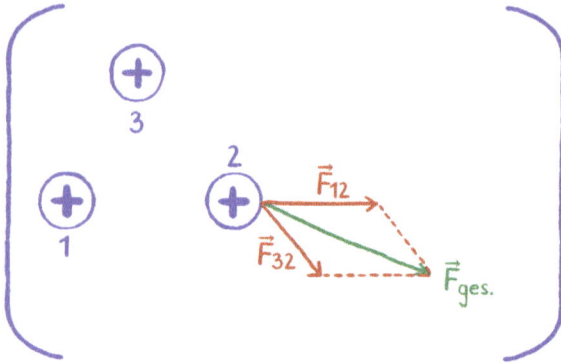

Abb. 4.2: Superpositionsprinzip der paarweisen Coulombkräfte zwischen elektrischen Ladungen.

4.2 Elektrisches Feld

Elektrisches Feld

Das **elektrische Feld** $\vec{E}$ (kurz $\vec{E}$-Feld) ist eine Vektorgröße und als Kraftwirkung auf eine kleine positive Probeladung q definiert.

$$\vec{E}(\vec{r}, t) = \frac{\vec{F}(\vec{r}, t)}{q} \qquad (4.2)$$

$$[E] = 1\,\frac{\text{V}}{\text{m}}$$

Das elektrische Feld wird zumeist durch **Feldlinien** veranschaulicht, die – ähnlich einem Gefälle für den Verlauf eines Flusses – die beschleunigende Wirkung auf positive Ladungen kennzeichnen. Die Feldlinien beschreiben dabei sowohl in Richtung (tangential zu den Feldlinien) als auch Betrag die Kraftwirkung auf eine Probeladung q für jeden beliebigen Punkt im Raum. Die Dichte der Feldlinien ist hierbei ein Maß für die Stärke der Kraft, d. h., je dichter die Feldlinien, desto größer ist die Kraft auf q. Die Anzahl der Feldlinien (und damit auch die Kraftwirkung) ist wiederum proportional zur Größe der Ladung Q, die das elektrische Feld verursacht, wie beispielhaft für eine positive Punktladung Q in Abb. 4.3 gezeigt ist. Feldlinien beginnen auf positiven Ladungen (oder im Unendlichen) und enden auf negativen Ladungen (oder im Unendlichen, vgl. Punktladungsfall in Abb. 4.3). Somit stellen positive Ladungen Quellen und negative Ladungen Senken des elektrischen Feldes dar. Feldlinien stehen stets senkrecht auf Leiteroberflächen. Elektrische Felder können, z. B. durch metallische Wandungen, abgeschirmt werden.

Beispiel. *Elektrisches Feld $\vec{E}(\vec{r})$ einer Punktladung Q* ❗

Das elektrische Feld einer Punktladung Q in Abb. 4.3 lässt sich mithilfe des Coulomb'schen Gesetzes wie folgt ausdrücken:

$$\vec{E} = \frac{\vec{F}}{q} = \frac{1}{4\pi\varepsilon_0}\frac{Q}{r^2}\vec{e}_r \tag{4.3}$$

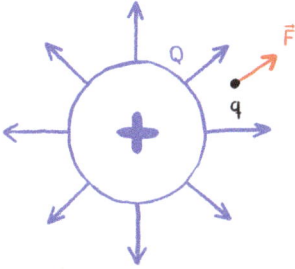

Abb. 4.3: Elektrisches Feld einer positiven Punktladung und Kraftwirkung auf eine positive Probeladung q.

Beispiel. *Bildladungen* ❗

Es ist häufig schwer, Feldlinien für ausgedehnte Ladungsverteilungen zu zeichnen. Ein vereinfachendes Konzept stellt die Ladungsverteilung im Metall durch eine einzelne sogenannte Bildladung dar. Damit wird die Beschreibung wieder einfach und es gibt ein schlüssiges Ergebnis.

Wird ein geladener Körper in die Nähe eines elektrischen Leiters gebracht, so kommt es zu einer Verschiebung der Ladungen im Leiter und damit zu einer Beeinflussung des $\vec{E}$-Feldes. Abbildung 4.4 zeigt das $\vec{E}$-Feld einer positiven Punktladung Q in der Nähe eines Leiters. Es lässt sich mithilfe einer **Bildladung** (auch als **Spiegelladung** bezeichnet) beschreiben. Ein Gegenüber ist gefunden, das die Ladung „spiegelt". Die Bildladung ist die vom Betrag her gleich große, aber entgegengesetzt geladene effektive Punktladung $-Q$. Sie befindet sich im Leiter im gleichen Abstand a zur Grenzfläche und

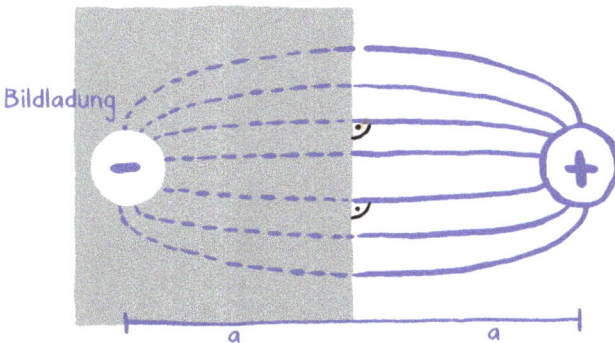

Abb. 4.4: Bildladung oder Spiegelladung einer Punktladung Q (hier +) vor einem leitenden Körper.

vereinfacht die Beschreibung des elektrischen Feldes im Halbraum vor dem Leiter als **Dipolfeld**, also als Feld gleich großer aber entgegengesetzt geladener Punktladungen. Die Feldlinien treffen senkrecht auf die Leiteroberfläche. Dafür gibt es eine einfache Erklärung. Gäbe es Kraftanteile, die nicht senkrecht zur Oberfläche gerichtet sind, so würden diese so lange eine Ladungsverschiebung der frei beweglichen Elektronen im Metall bewirken, bis diese Kraftkomponenten abgebaut sind.

4.3 Elektrostatisches Potential und Spannung

Wird eine Probeladung q im elektrischen Feld verschoben, so ändert sich die **potentielle Energie** von q. Experimente belegen, dass die Änderung der potentiellen Energie unabhängig vom Weg, d. h. nur abhängig vom Anfangs- und Endort ist. In Bezug auf Abb. 4.5 bedeutet dies, dass die Änderung der potentiellen Energie unabhängig davon ist, welcher der Wege gewählt wird, um q von 1 nach 2 zu verschieben. Bei Rückkehr zum Punkt 1 bleibt die Energie, wie auch im Falle der Gravitationswechselwirkung bzw. des Gravitationspotentials, erhalten.

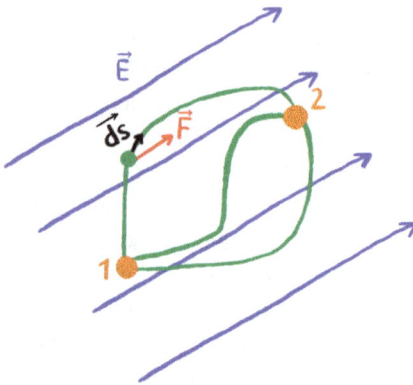

Abb. 4.5: Verschiebungsarbeit im elektrischen Feld vom Ort $\vec{r}_1$ zum Ort $\vec{r}_2$.

Die Änderung der potentiellen Energie lässt sich wie folgt quantifizieren und über die Kraft ausdrücken:

$$\Delta E_{\text{pot}} = E_{\text{pot}}(\vec{r}_2) - E_{\text{pot}}(\vec{r}_1) \tag{4.4}$$

$$= -\int_{\vec{r}_1}^{\vec{r}_2} \vec{F}\,d\vec{s} \tag{4.5}$$

$$= -q\int_{\vec{r}_1}^{\vec{r}_2} \vec{E}\,d\vec{s} \tag{4.6}$$

Für eine bessere Beschreibung wird das elektrostatische Potential eingeführt.

Elektrostatisches Potential

Das **elektrostatische Potential** φ kennzeichnet das Arbeitsvermögen bzw. die potentielle Energie pro Ladung:

$$\varphi = \frac{E_{\text{pot}}}{q} \qquad (4.7)$$

Eine **Potentialdifferenz** $\Delta\varphi$ zwischen zwei Punkten steht in engem Zusammenhang mit der Spannung U_{12}, die der Arbeit für eine Ladungsverschiebung von $\vec{r}_1$ nach $\vec{r}_2$ pro Ladung q gegen das elektrische Feld $\vec{E}$ entspricht:

$$\Delta\varphi = -\int_{\vec{r}_1}^{\vec{r}_2} \vec{E}\,d\vec{s} = -U_{12} \qquad (4.8)$$

Für den Fall einer Beschleunigung der Ladung q durch das elektrische Feld spiegelt das negative Vorzeichen den Verlust an potentieller Energie bei Durchlaufen einer positiven abgefallenen Spannung U_{12} zwischen $\vec{r}_1$ und $\vec{r}_2$ wider.

Beispiel. *Verschiebung einer Probeladung im Feld einer Punktladung Q (bei r = 0)* !

Es wird die Änderung des Potentials bei der Annäherung der Probeladung q aus dem Unendlichen betrachtet (Abb. 4.6). Das ist so, als wenn man im Gravitationsfeld vom ersten in den zweiten Stock steigt. Hierbei sei die potentielle Energie für den Abstand $r = \infty$ auf den Wert null festgelegt. Als Ansatz wird die Gl. (4.8) genutzt:

$$\Delta\varphi = -\int_{r_1}^{r_2} \vec{E}\,d\vec{s} \qquad (4.9)$$

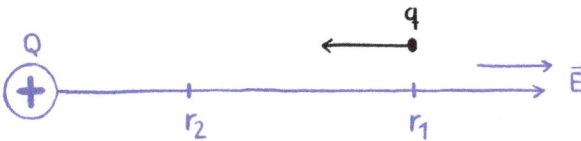

Abb. 4.6: Annäherung einer Probeladung an eine positive Punktladung.

Der Endpunkt wird auf einen beliebigen Abstand r gesetzt:

$$\Delta\varphi = -\int_{\infty}^{r} \frac{F}{q}\,dr = -\frac{Q}{4\pi\varepsilon_0}\int_{\infty}^{r}\frac{1}{r^2}\,dr \qquad (4.10)$$

$$\Delta\varphi = \frac{Q}{4\pi\varepsilon_0}\frac{1}{r}\bigg|_\infty^r = \frac{Q}{4\pi\varepsilon_0}\frac{1}{r} - 0 \tag{4.11}$$

Aus der Differenz zwischen Endpunkt r und Anfangspunkt ∞ erhält man den folgenden allgemeingültigen Ausdruck für das Potential unter der Randbedingung $\varphi(\infty) = 0$:

$$\Delta\varphi = \Delta\varphi(r) - \Delta\varphi(\infty) = \Delta\varphi(r) - 0 \tag{4.12}$$

$$\varphi(r) = \frac{Q}{4\pi\varepsilon_0}\frac{1}{r} \tag{4.13}$$

Für einen beliebigen Start- und Endpunkt in den Abständen r_1 und r_2 zur Ladung Q ergibt sich die Spannung bzw. Potentialdifferenz (Abb. 4.7) demnach aus der Differenz der reziproken Abstände gemäß:

$$U_{21} = \Delta\varphi_{12} = \varphi_2 - \varphi_1 = \frac{Q}{4\pi\varepsilon_0}\left(\frac{1}{r_2} - \frac{1}{r_1}\right) > 0 \tag{4.14}$$

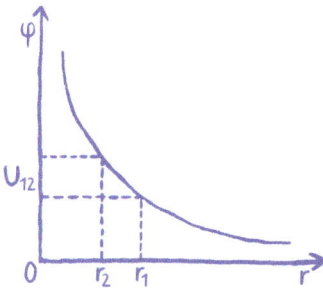

Abb. 4.7: Potentialdifferenz bei Annäherung einer Probeladung im Feld einer Punktladung.

Für die Elektronenbewegung (negativ) um den Atomkern (positiv) ist das Potential, oder besser ausgedrückt die diesem entsprechende potentielle Energie, gerade an der r-Achse (Abb. 4.7) nach unten gespiegelt und geht für einen Abstand $r = 0$ gegen $-\infty$. Deshalb werden Elektronen auch vom Atomkern angezogen und es gibt gebundene Zustände. Aufgrund der Erhaltung des Drehimpulses (vgl. Band *Mechanik*, Abschnitt 6.8) im Zentralkraftfeld stürzen sie auch nicht in den Atomkern.

! **Beispiel.** *Zwei parallele, geladene Metallplatten (Plattenkondensator)*

Für das homogene elektrische Feld $\vec{E}(\vec{r}) = \vec{E}$ im Inneren des in Abb. 4.8 dargestellten Plattenkondensators gilt näherungsweise, dass sowohl Betrag $|\vec{E}| = E = $ const. als auch Richtung über das gesamte Volumen konstant sind.

Wird nun eine positive Ladung von der rechten Seite auf die linke Seite des Plattenkondensators gegen das Feld verschoben (Richtung von $d\vec{s}$ entgegengesetzt zu $\vec{E}$,

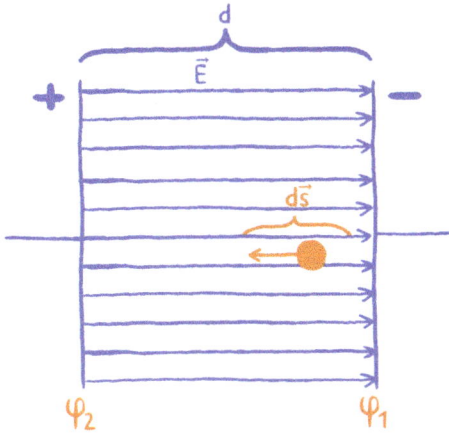

Abb. 4.8: Potentialunterschied im Plattenkondensator.

Abb. 4.8), so muss die Potentialdifferenz $\Delta\varphi$ überwunden werden. Diese entspricht dem Betrag der Spannung U zwischen den Platten + und –:

$$U = \Delta\varphi = \varphi_2 - \varphi_1 \tag{4.15}$$

$$U = -\int_1^2 \vec{E}\,d\vec{s} = E\,d \tag{4.16}$$

$$E = \frac{U}{d} \quad \textbf{Plattenkondensator} \tag{4.17}$$

Flächen gleichen Potentials werden als **Äquipotentialflächen** bezeichnet. Wird eine Probeladung auf einer Äquipotentialfläche des elektrostatischen Potentials verschoben, so ist das ohne Arbeitsaufwand möglich. $\vec{E} \cdot d\vec{s} = 0$ liefert die mathematische Bedingung für eine Äquipotentialfläche, die für Verschiebungen $d\vec{s}$ senkrecht zum $\vec{E}$-Feld erfüllt ist. Abbildung 4.9 zeigt die Äquipotentialflächen für eine positive Punktladung bzw. positiv geladene Kugel und für einen Plattenkondensator.

Das elektrische Feld steht immer senkrecht auf einer Äquipotentialfläche. Es gilt die mathematische Bedingung:

$$\boxed{\vec{E} \cdot d\vec{s} = 0} \tag{4.18}$$

Allgemein: Oberflächen metallischer Leiter sind Äquipotentialflächen. Eine Tangentialkomponente von $\vec{E}$ würde, wie beim Konzept der Bildladung diskutiert, zur Verschiebung von Ladungsträgern führen, bis die Tangentialkomponente verschwindet.

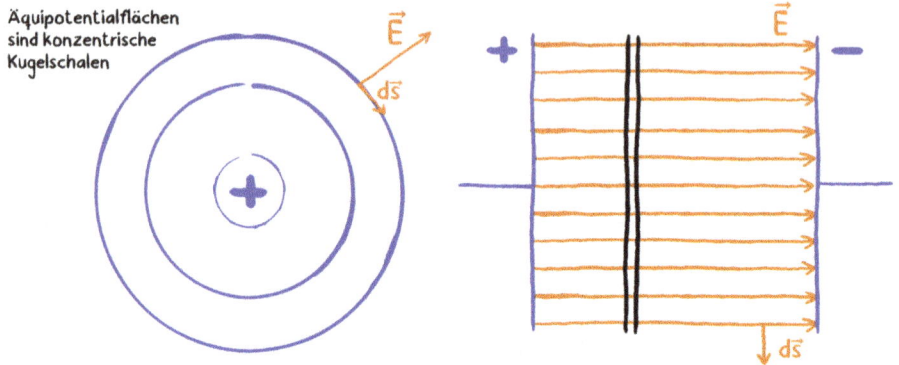

Abb. 4.9: Äquipotentialflächen des elektrischen Feldes einer Punktladung oder Kugel (links) als konzentrische Kugelschalen und eines Plattenkondensators (rechts) als parallele Flächen zu den Kondensatorplatten.

4.4 Leiter im elektrischen Feld

Elektrischer Leiter
Im **elektrischen Leiter** gibt es **frei bewegliche** Ladungsträger (im metallischen Leiter Elektronen im Leitungsband). Diese können sich im elektrischen Feld frei bewegen und leiten den elektrischen Strom gut.

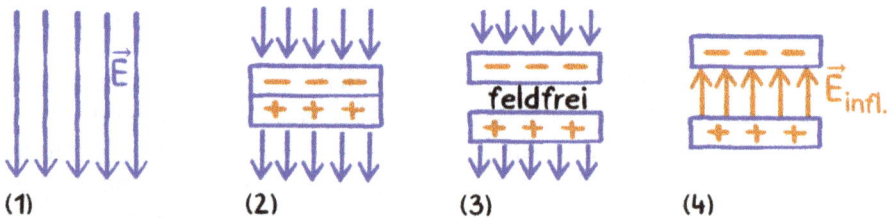

Abb. 4.10: Ladungstrennung im Metall durch Influenz im elektrischen Feld.

Abbildung 4.10 veranschaulicht das Phänomen der Influenz. (1) In ein elektrisches Feld $\vec{E}$ wird ein ungeladener metallischer Leiter gebracht. In diesem kommt es zur Influenz, d. h. zur Ladungstrennung (2). Die positiven Ladungen verschieben sich in Feldrichtung und die negativen Ladungen entgegengesetzt. Diese Ladungstrennung führt zu einem sogenannten influenzierten Feld im Inneren des Leiters. Es kompensiert das äußere elektrische Feld, weshalb das Innere feldfrei ist (3 und 4). Es gilt:

$$\vec{E}_{\text{infl}} = -\vec{E} \tag{4.19}$$

Insbesondere mit dem Ziel der Beschreibung der Elektrostatik in Materie wird ein weiteres Feld eingeführt. Dieses Hilfsfeld wird als dielektrische Verschiebung $\vec{D}$ bezeichnet.

Dielektrische Verschiebung

Die **dielektrische Verschiebung** $\vec{D}$ oder elektrische Verschiebungsdichte (kurz $\vec{D}$-Feld oder Verschiebungsfeld) ist durch die Ladungsverteilung **freier** Ladungen im Raum gegeben, die die Quellen dieses Feldes bilden. Der Gauß'sche Satz beschreibt diesen Zusammenhang. Im materiefreien Raum gilt zunächst die Beziehung:

$$\boxed{\vec{D}(\vec{r}, t) = \varepsilon_0 \cdot \vec{E}(\vec{r}, t)}$$
(4.20)

$$[D] = 1\,\frac{As}{m^2}$$

Gauß'scher Satz

Der **Gauß'sche Satz** besagt, dass das gesamte orthogonal durch eine beliebige geschlossene Oberfläche tretende Verschiebungsfeld gleich der Summe der innerhalb dieser Oberfläche befindlichen freien Ladungen ist.

$$\boxed{\oiint_{\partial V} \vec{D}\, d\vec{A} = \sum_i Q_i^{\text{frei}}}$$
(4.21)

$d\vec{A}$	... Flächenelement
∂V	... Rand des Volumens (Oberfläche)
$\oiint$	... Integration über geschlossene Oberfläche
$\sum_i Q_i^{\text{frei}}$	... eingeschlossene freie Ladungen im Volumen V

Die Aussagen des Gauß'schen Satzes werden in Abb. 4.11 veranschaulicht. Positive freie Ladungen sind Quellen und negative freie Ladungen sind Senken des $\vec{D}$-Feldes, d. h., es entstehen an positiven Ladungen neue Feldlinien und an negativen verschwinden diese wieder. Die über den Rand des Volumens V integrierten Feldlinien ergeben die in dem Volumen enthaltene Ladungsmenge freier Ladungen.

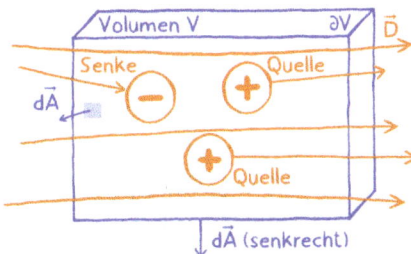

Abb. 4.11: Veranschaulichung des Gauß'schen Satzes.

> **!** Beispiel. *Verschiebungsfeld einer Punktladung Q*

Das Verschiebungsfeld einer Punktladung ist radialsymmetrisch, wie in Abb. 4.12 dargestellt. Der Betrag von $\vec{D} = \vec{D}(r)$ ist somit nur vom Abstand r nicht aber von der Richtung
abhängig.

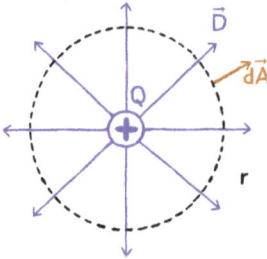

Abb. 4.12: Verschiebungsfeld einer Punktladung.

Für eine Kugelfläche mit der Punktladung als Mittelpunkt gilt im gesamten Raum
für alle Orte $\vec{r}$, dass $\vec{D}$ und $d\vec{A}$ zueinander parallel sind. Unter Anwendung des Gauß'-
schen Satzes erhält man:

$$D \cdot A(r) = D \cdot 4\pi r^2 \overset{GS}{=} Q \tag{4.22}$$

$$D = \frac{1}{4\pi} \cdot \frac{Q}{r^2} = \varepsilon_0 \cdot E \tag{4.23}$$

Der Vergleich mit dem E-Feld einer Punktladung zeigt, dass sich D lediglich um den Faktor ε_0 unterscheidet (vgl. auch Formel (4.3)).

> **!** Beispiel. *Influenzladungen auf einem metallischen Blech im Plattenkondensator*

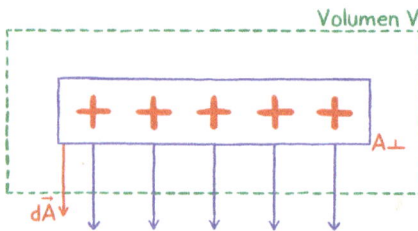

Abb. 4.13: Feldverteilung um das aufgrund von
Influenz im Plattenkondensator positiv geladene
Blechsegment, gilt analog für die positiv geladene
Kondensatorplatte.

Das Blech (vgl. Abb. 4.10) als auch die Kondensatorplatten selbst stellen elektrische Leiter dar, damit steht das $\vec{E}$- bzw. $\vec{D}$-Feld senkrecht auf deren Oberflächen. Mit $A_\perp$ sei die
Projektion einer Leitfläche A senkrecht zum Feld bezeichnet. In dem in Abb. 4.13 ge-
zeigten Volumen V sei Q die Summe der Ladungen (auf dem Blech oder analog auf
der positiven Kondensatorplatte). Nur jeweils eine der Oberflächen des quaderförmi-
gen Volumens wird vom Feld durchflutet. Nach dem Gauß'schen Satz gilt demnach für

das homogene Feld im Inneren des vorher betrachteten Plattenkondensators (bei Vernachlässigung von Randeffekten an den Kanten) bzw. für den Zusammenhang zwischen Feld und influenzierten Ladungen auf dem Blech jeweils:

$$Q = |\vec{D}| \cdot A_\perp = \varepsilon_0 |\vec{E}| \cdot A_\perp \tag{4.24}$$

$$E = \frac{Q}{\varepsilon_0 \cdot A_\perp} \tag{4.25}$$

beziehungsweise mit der bereits aus Kapitel 4.3 bekannten Relation des E-Feldes im Plattenkondensator $E = U/d$:

$$\frac{Q}{\varepsilon_0 \cdot A_\perp} = \frac{U}{d} \tag{4.26}$$

Damit kann für den Plattenkondensator auch das Verhältnis von Ladung auf den Platten und Spannung zwischen diesen angegeben werden, was zu einer weiteren elektrodynamischen Größe, der Kapazität, führt:

$$\frac{Q}{U} = \frac{\varepsilon_0 \cdot A_\perp}{d} \tag{4.27}$$

> **Kapazität eines Leiters**
> Die **Kapazität eines Leiters** C gibt an, wie viel Ladung Q bei gegebener Spannung U auf den Leiter fließt.
>
> $$\boxed{C \equiv \frac{Q}{U}} \tag{4.28}$$
>
> $$[C] = 1\,\frac{C}{V} = 1\,\frac{As}{V} = 1\,F \quad \text{(Farad)}$$

Beispiel. *Geladene leitende Kugel mit Radius R*   !

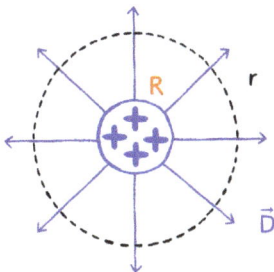

Abb. 4.14: Feldlinien einer geladenen leitenden Kugel.

Das $\vec{D}$-Feld einer metallischen Kugel mit der Ladung Q und dem Radius R in Abb. 4.14 ist für $r > R$ nach dem Gauß'schen Satz nicht von dem einer Punktladung Q zu unterscheiden. Das Potential der Kugeloberfläche entspricht gerade dem Potential der Punktladung bei $r = R$. In Abschnitt 4.3 wurde für eine Punktladung gezeigt (Formel (4.3)), dass unter der Randbedingung $\varphi \to 0$ für $r \to \infty$ mit $\Delta\varphi = U$ gilt:

$$U_{21} = - \int_{\vec{r}_1}^{\vec{r}_2} \vec{E}\, d\vec{s} \tag{4.29}$$

Für $r_1 = \infty$ und $r_2 = R$ ergibt sich somit:

$$U = \frac{Q}{4\pi\varepsilon_0 R} \tag{4.30}$$

woraus sich die Kapazität der Kugel herleiten lässt:

$$C = \frac{Q}{U} = 4\pi\varepsilon_0 R \tag{4.31}$$

$$\text{allg.} \quad \text{Kugel}$$

4.5 Nichtleiter im elektrischen Feld

Nichtleiter (Dielektrikum)
Im **Nichtleiter** oder auch **Dielektrikum** sind die Ladungsträger gebunden bzw. **nicht frei beweglich**. Ein äußeres angelegtes Feld greift in das Innere des Nichtleiters durch.

Nachfolgend wird eingeladen auf einen Weg, in zwei Versuchen die Wirkung elektrischer Felder auf Dielektrika zu verstehen.

1. Versuch: Einfluss eines Dielektrikums auf die Spannung U zwischen Kondensatorplatten bei konstanter Ladung Q

An einen Plattenkondensator, wie in Abb. 4.15 gezeigt, wird eine Spannung U_0 angelegt. Es fließen Ladungen auf die Kondensatorplatten, bis diese vollständig geladen sind. Nach dem Abtrennen von der Spannungsquelle wird ein Dielektrikum (z. B. eine Holz- oder Kunststoffplatte) zwischen die Platten gebracht, was zu einer niedrigeren Spannung $U < U_0$ führt. Aus $C = Q/U$ folgt, dass die Kapazität durch das eingebrachte Dielektrikum mit der zunächst noch unbestimmten Materialeigenschaft ε_r (wird auf der nächsten Seite eingeführt) ansteigt:

$$C = \varepsilon_0 \varepsilon_r \frac{A}{d} \quad \text{für \textbf{Plattenkondensator}} \tag{4.32}$$

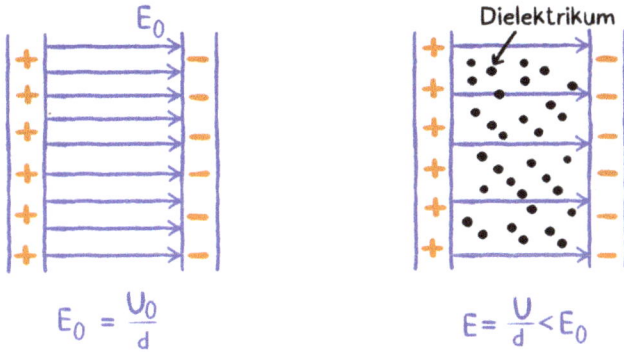

$$E_0 = \frac{U_0}{d}$$

$$E = \frac{U}{d} < E_0$$

Abb. 4.15: Elektrisches Feld im leeren (links) und gefüllten Kondensator (rechts) bei konstanter Ladung auf den Platten.

Gleichzeitig wird auch das elektrische Feld $E < E_0$ geschwächt. Die Schwächung des elektrischen Feldes wird durch die **Polarisation** des Dielektrikums hervorgerufen. Die Polarisation umfasst Ladungsverschiebungen innerhalb der Atome oder von Ionen bzw. Atomrümpfen relativ zueinander, sowie die Ausrichtung von sogenannten mikroskopischen Dipolen. Dadurch tragen die Flächen des Dielektrikums angenommen **scheinbare, gebundene Ladungen**, die Quellen eines Gegenfeldes $\vec{E}_P$ (Abb. 4.16) sind, welches das ursprüngliche Feld $\vec{E}_0$ schwächt.

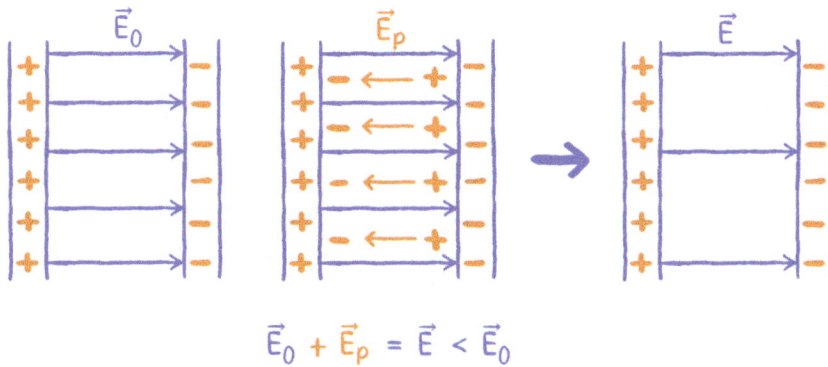

$$\vec{E}_0 + \vec{E}_P = \vec{E} < \vec{E}_0$$

Abb. 4.16: Elektrisches Feld $\vec{E}_0$ der freien Ladungen Q_{frei} auf den Kondensatorplatten (links) ergibt in Überlagerung mit dem Gegenfeld $\vec{E}_P$ der durch Polarisation hervorgerufen gebundenen Ladungen Q_{geb} des Dielektrikums (Mitte) das resultierende elektrische Feld $\vec{E}$ (rechts).

Die **relative Dielektrizitätszahl** oder auch **relative Permittivität** ε_r eines Materials kennzeichnet das stoff- und frequenzabhängige Verhältnis der dielektrischen Leitfähigkeit ε zum Vakuumswert ε_0 und wird häufig auch reduziert auf die **elektrische Suszeptibilität** χ_e angegeben.

$$\varepsilon_r \equiv \frac{\varepsilon}{\varepsilon_0} \tag{4.33}$$

$$\chi_e = \varepsilon_r - 1 \tag{4.34}$$

Die Materialeigenschaft ε_r kann dabei die dielektrische Leitfähigkeit des Vakuums, also dessen Vermögen durch Polarisierbarkeit ein dielektrisches Gegenfeld aufzubauen, um mehrere Größenordnungen verstärken. Die Frequenzabhängigkeit wird insbesondere für die später behandelten Wechselströme (Abschnitt 6.5 ff.) interessant.

Auch für andere Kondensatorgeometrien wird durch das Einbringen eines Dielektrikums die Kapazität erhöht. Für einen Kugelkondensator mit Radius r_0 ergibt sich:

$$C = 4\pi\varepsilon_0\varepsilon_r\, r_0 \tag{4.35}$$

und für einen Zylinderkondensator mit Dielektrikum zwischen Innenradius r_1 und Außenradius r_2:

$$C = \frac{2\pi\varepsilon_0\varepsilon_r\, l}{\ln\frac{r_2}{r_1}} \tag{4.36}$$

Zusammenfassung:
Die Quellen des $\vec{D}$-Feldes sind die freien Ladungen Q_{frei}. Wird ein Kondensator mit einem Dielektrikum gefüllt, ohne dass sich die Ladung auf den Kondensatorplatten ändert ($Q = \text{const.}$), so ändert sich das D-Feld nicht: $\vec{D} = \vec{D}_0$. Die Quellen des $\vec{E}$-Feldes sind sowohl die freien Ladungen Q_{frei} als auch die gebundenen Ladungen Q_{geb}. Wird ein Kondensator bei gleichbleibender Ladung auf den Platten mit einem Dielektrikum gefüllt, so kommt es infolge der Polarisation zu einer Abschirmung des äußeren elektrischen Feldes $\vec{E} \le \vec{E}_0$ im Material mit dem Faktor $1/\varepsilon_r$, reziprok zur Änderung der dielektrischen Leitfähigkeit.

2. Versuch: Einfluss eines Dielektrikums auf die Ladung Q eines Kondensators bei konstanter Spannung U

Ein Plattenkondensator wird gemäß Abb. 4.17 bei einer Spannung U beladen und die auf den Kondensator geflossene Ladung Q_0 bestimmt. Nach dem Entladen des Kondensators und dem Einbringen eines Dielektrikums wird der Kondensator erneut bei derselben Spannung U geladen und die auf den Kondensator geflossene Ladung Q bestimmt. Es zeigt sich, dass nunmehr mit Dielektrikum mehr Ladung $Q > Q_0$ auf die Kondensatorplatten fließt.

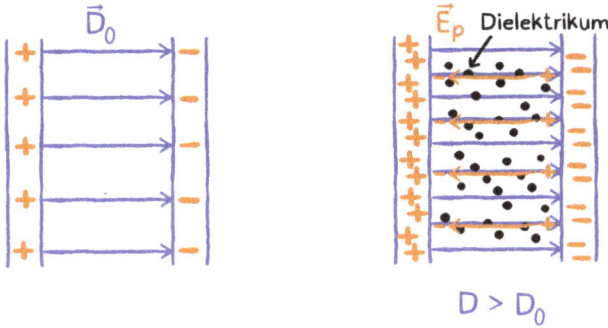

$$D > D_0$$

Sollen die elektrischen Felder und die Kapazität jetzt beschrieben werden, so folgt aus U = const. und $Q > Q_0$ (freie Ladungen auf Kondensatorplatten):

– $E = E_0$, wegen Definition von $U = - \int \vec{E} \, d\vec{s} =$ const.
– $C > C_0$, wegen $\frac{Q}{U} > \frac{Q_0}{U}$
– $D > D_0$, wegen $\oiint_{\partial V} \vec{D} \, d\vec{A} = \sum_i Q_i^{\text{frei}}$ und $Q > Q_0$

Ein Teil der freien Ladungen auf den Kondensatorplatten wird folglich lokal durch die gebundenen Ladungen des Dielektrikums an den Grenzflächen kompensiert.

Für das $\vec{D}$-Feld gilt die bekannte **1. Materialgleichung der Elektrodynamik**:

$$\vec{D} = \varepsilon_r \cdot \vec{D}_0 = \varepsilon_0 \varepsilon_r \cdot \vec{E} \tag{4.37}$$

Alternativ ist es auch möglich, die Felder im Inneren eines Dielektrikums zu beschreiben. Hierfür wird die dielektrische Polarisation $\vec{P}$ eingeführt:

Elektrische Polarisation
Die **elektrische Polarisation** $\vec{P}$ kennzeichnet das in einem Medium durch ein äußeres elektrisches Feld hervorgerufene Dipol- bzw. Gegenfeld $\vec{E}_p$, und hat **Quellen an den negativen gebundenen** und **Senken an den positiven gebundenen Ladungen**.

$$\vec{P} = - \varepsilon_0 \vec{E}_p \tag{4.38}$$

$\vec{E}_p$ ... Gegenfeld (Depolarisationsfeld)

Zur Beachtung: Die Feldlinien der elektrischen Polarisation verlaufen demnach, anders als beim elektrischen $\vec{E}$- oder $\vec{D}$-Feld, von **- nach + entgegengesetzt** zur regulären Konvention (vgl. Abb. 4.17 und Abb. 4.18). Damit gilt auch das Pluszeichen in der nachfolgenden Formel, obwohl das $\vec{E}$-Feld durch $\vec{P}$ im Material geschwächt wird:

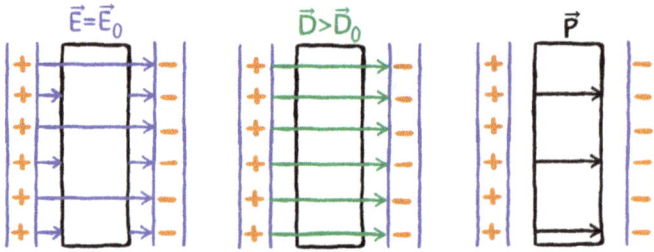

Abb. 4.18: Felder im gefüllten Kondensator bei $U = U_0$, das $\vec{E}$-Feld wird im Dielektrikum abgeschwächt.

$$\vec{D} = \varepsilon_0 \cdot \vec{E} + \vec{P} = \vec{D}_0 + \vec{P} \tag{4.39}$$

$\vec{P}$ beschreibt also den Anteil des $\vec{D}$-Feldes, der durch die aufgrund im Dielektrikum gebundener Ladungen zusätzlich auf die Platten geflossenen freien Ladungen hervorgerufen wird. Damit ist es möglich, bei großen ε_r sehr viel Ladung zu speichern.

4.6 Parallel- und Reihenschaltung von kapazitiven Bauelementen

Sind Kondensatoren in einer Parallelschaltung angeordnet, so ergibt sich die Gesamtkapazität aus der Summe der Einzelkapazitäten. Es ist vorstellbar, wie die einzelnen Platten in ihren Flächen zusammentreten. Im Falle einer Reihenschaltung addieren sich die Einzelkapazitäten reziprok:
– Parallelschaltung:

$$C_{ges} = \sum_i C_i \tag{4.40}$$

– Reihenschaltung:

$$\frac{1}{C_{ges}} = \sum_i \frac{1}{C_i} \tag{4.41}$$

4.7 Energiegehalt des elektrischen Feldes

Es soll die Energie berechnet werden, die im elektrischen Feld eines Kondensators gespeichert ist. Davon leben auch die entsprechenden Speicherelemente. Die Energie ergibt sich aus der Arbeit W_{el}, die verrichtet wird, wenn ein Kondensator mit der Kapazität C bzw. der Ladung Q bei der Spannung U vollständig geladen wird:

$$W_{el} = \int_0^t P(t)\,dt = \int_0^t U(t) \cdot \underbrace{I(t)\,dt}_{dQ} = \int_0^Q U(Q)\,dQ \tag{4.42}$$

$$\underset{C=\frac{Q}{U}}{=} \int_0^Q \frac{Q}{C}\,dQ = \left.\frac{Q^2}{2C}\right|_0^Q \tag{4.43}$$

Die elektrische Feldenergie im Kondensator ist damit gegeben als:

$$W_{el} = \frac{1}{2}\frac{Q^2}{C} = \frac{1}{2}CU^2 \tag{4.44}$$

W_{el} lässt sich auch durch die elektrischen Felder ausdrücken. Für den Plattenkondensator gilt, dass mit $U = E\,d$ und $C = \varepsilon_0\varepsilon_r\frac{A}{d}$ folgt:

$$W_{el} = \frac{1}{2}\varepsilon_0\varepsilon_r \cdot \underbrace{A \cdot d}_{\text{Volumen } V} \cdot E^2 \tag{4.45}$$

Mit $D = \varepsilon_0\varepsilon_r \cdot E$ folgt ferner:

$$w_{el} = \frac{W_{el}}{V} = \frac{1}{2}E \cdot D \quad \textbf{Energiedichte} \tag{4.46}$$

Diese auf das Volumen normierte Energie heißt **elektrische Energiedichte** w_{el} und ist allgemein gültig, nicht nur für den Plattenkondensator.

Beispiel. *Charakterisierung von elektrochemischen Energiespeichern*

Mit Blick auf aktuelle Anforderungen ist die elektrische Energiedichte, neben der Leistungsdichte, eine wichtige Kennzahl z. B. für hochkapazitive Elektrolyt-Kondensatoren und Super- bzw. Doppelschichtkondensatoren. Während Superkondensatoren Energiedichten im Bereich von $1\ldots 40\,\frac{Wh}{l}$ erreichen, bei hohen Leistungsdichten von $1\ldots 20\,\frac{kW}{l}$, können Lithium-Ionen-Batterien im Vergleich Werte von $200\ldots 500\,\frac{Wh}{l}$ erzielen, allerdings dafür nur bei eingeschränkten Leistungsdichten von $0,1\ldots 2\,\frac{kW}{l}$.

Elektrostatik

Coulomb'sches Gesetz	$\vec{F} = \dfrac{1}{4\pi\varepsilon_0\varepsilon_r} \dfrac{Q_1 Q_2}{r^2} \vec{e}_r$
Elektrische Feldkraft	$\vec{F} = Q\vec{E}$
Gauß'scher Satz	$\oiint\limits_{\partial V} \vec{D}\, d\vec{A} = \sum\limits_i Q_i$
Potentielle Energie	$\Delta E_{pot} = Q\Delta\varphi$
Elektrisches Potential	$\Delta\varphi = \varphi_2 - \varphi_1 = -U_{12} = U_{21}$
	$\Delta\varphi = -\displaystyle\int\limits_{s_1}^{s_2} \vec{E}\cdot d\vec{s}$
Spannung	$U_{12} = \displaystyle\int\limits_{s_1}^{s_2} \vec{E}\cdot d\vec{s}$
Dielektrische Verschiebung	$\vec{D} = \varepsilon_0\varepsilon_r\vec{E} = \varepsilon_0\vec{E} + \vec{P}$
Kapazität	$C = \dfrac{Q}{U}$
E-Feld im Plattenkondensator	$E = \dfrac{U}{d}$
Energie des elektrischen Feldes	$W_{el} = \dfrac{1}{2}C U^2$
Elektrische Energiedichte	$w_{el} = \dfrac{1}{2}\varepsilon_0\varepsilon_r E^2 = \dfrac{1}{2}E D$

Ausgewählte Beispiele für Kapazitäten

Plattenkondensator	$C = \varepsilon_0\varepsilon_r \dfrac{A}{d}$
Kugelkondensator	$C = 4\pi\varepsilon_0\varepsilon_r\, r_0$
Zylinderkondensator	$C = \dfrac{2\pi\varepsilon_0\varepsilon_r\, l}{\ln\frac{r_2}{r_1}}$

Summationsregeln für Kapazitäten

Reihenschaltung	$\dfrac{1}{C} = \sum\limits_k \dfrac{1}{C_k}$
Parallelschaltung	$C = \sum\limits_k C_k$

5 Stationäres Magnetfeld

https://doi.org/10.1515/9783111331577-006

5.1 Magnetische Feldstärke und Durchflutungsgesetz

Magnetische Felder werden hervorgerufen durch:
- Dauermagnete,
- elektrische Ströme freier Ladungen, wie bereits in der vor dem Jahr 2019 gültigen SI-Definition des Amperes diskutiert,
- als auch die zeitliche Änderung eines elektrischen Feldes.

Magnetische Felder sind wiederum erkennbar an ihrer Kraftwirkung auf Dauermagnete und elektrische Ströme.

! **Beispiel.** *Ein Stabmagnet aus dem Alltag*

Ein Stabmagnet, wie wir ihn kennen, hat genau einen **Nord-** und einen **Südpol**. Zwischen ungleichnamigen Polen, besteht eine anziehende Kraftwirkung und zwischen zwei gleichnamigen eine abstoßende. Bricht man einen Stabmagneten in Einzelteile, so misst man diese Wirkung wiederum für jedes der Einzelteile. Es bestehen also viele kleinere magnetische Dipole, immer mit Nord- und Südpol.

Zum Merken: Es gibt keine einzelnen magnetischen Ladungen (Monopole), sondern nur magnetische Dipole.

Verantwortlich für magnetische Materialien sind Ordnungsphänomene in voneinander abgegrenzten Volumenbereichen bzw. Domänen des Materials, den **Weiß'schen Bezirken**. In ihnen kommt es zur kollektiven Ausrichtung kleinster, atomarer magnetischer Momente, was zu den makroskopisch beobachtbaren magnetischen Eigenschaften führt. Es ist für die Elektronen des Materials offensichtlich gut, sich miteinander hinsichtlich einer gemeinsamen Ausrichtung zu verabreden. Auf derart kollektive Phänomene sollte man achten. Die magnetischen Ordnungszustände bestehen nur unterhalb der sogenannten **Curie-Temperatur** (Ferro-, Ferrimagnetismus) bzw. **Néel-Temperatur** (Antiferromagnetismus), und sind durch externe Magnetfelder von außen beeinflussbar. Bei höheren Temperaturen wird der Ordnungszustand aufgrund der thermischen Bewegung der Atome und Elektronen zerstört und die Materialien werden **paramagnetisch**, d. h., sie bilden erst magnetische Ordnung aus, wenn auf sie ein äußeres Magnetfeld wirkt.

Unter **Ferromagnetismus** versteht man die zum äußeren Magnetfeld parallele Ausrichtung und unter **Antiferromagnetismus** die antiparallele Ausrichtung der atomaren magnetischen Momente innerhalb der magnetischen Domänen des Materials. Falls die magnetischen Momente der Atome zwar antiparallel gerichtet, aber vom Betrag her unterschiedlich groß ausfallen, spricht man von **Ferrimagnetismus**. Im Gegensatz zum Antiferromagnetismus kompensieren sie sich somit nicht vollständig.

Analog zum vorher eingeführten $\vec{D}$-Feld mit ausschließlich freien Ladungen als Quellen, wird zunächst ein Hilfsfeld eingeführt, welches die teils komplexen, materialspezifischen Beiträge zum Magnetfeld unberücksichtigt lässt und nur den Beitrag freier geladener Ströme beschreibt.

> **Magnetisches Feld**
>
> Das **magnetische Feld (auch magnetische Feldstärke)** $\vec{H}$ ist eine Vektorgröße, die durch freie geladene Ströme hervorgerufen wird und über die Kraftwirkung auf einen kleinen Probemagneten (Magnetnadel) definiert ist.
>
> $$[H] = 1\,\frac{A}{m}$$

Feldlinien dienen wiederum zur Veranschaulichung des magnetischen Feldes und geben die Kraftwirkung auf den Nordpol einer Magnetnadel an. Analog zu den Feldlinien des elektrischen Feldes (Abschnitt 4.2) entspricht die Richtung der Feldlinien an einem Punkt der Richtung und die Dichte der Stärke der Kraftwirkung. Bei einem Stabmagneten verlassen die Feldlinien den Magneten am Nordpol und treten am Südpol wieder in den Magneten ein. Die Feldlinien um einen stromdurchflossenen Leiter sind geschlossene Linien, d. h. ohne Anfang und Ende. Des Weiteren können Magnetfelder z. B. durch ferromagnetische Stoffe abgeschirmt werden.

Beispiel. *Vermessung des magnetischen Feldes um einen stromdurchflossenen Leiter*   !

Für die Berechnung der Stärke von $\vec{H}(\vec{r})$ für beliebige Orte $\vec{r}$ im gesamten Raum wird zunächst das Magnetfeld eines geraden stromdurchflossenen Leiters mit einer Kompassnadel ausgemessen oder durch Eisenspäne sichtbar gemacht, und dann die gefundene Beziehung im Satz von Stokes verallgemeinert.

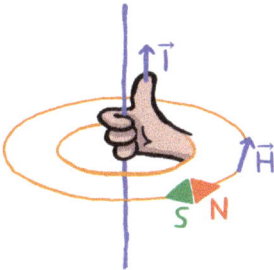

Abb. 5.1: Das Magnetfeld des geraden stromdurchflossenen Leiters folgt in seiner Richtung der „Rechte-Hand-Regel" (genauer: „Rechte-Faust-Regel").

Aus experimentellem Befund bilden die Feldlinien des Magnetfeldes konzentrische Kreise senkrecht um den stromdurchflossenen Leiter mit $\vec{H}\perp\vec{I}$. Zudem kann ein Zusammenhang bezüglich der Stärke von $\vec{H}$ mit dem Betrag der Stromstärke $\vec{I}$ bzw. der Stromdichte $\vec{J} = \frac{\vec{I}}{A}$ festgestellt werden.

Satz von Stokes

Der **Satz von Stokes** bzw. das **Durchflutungsgesetz** in seiner Integralform besagt, dass das Integral der magnetischen Feldstärke $\vec{H}$ längs einer geschlossenen Umlauflinie gleich dem gesamten elektrischen Strom I ist, der durch die eingeschlossene Fläche der Umlauflinie hindurchfließt.

$$\oint_{\partial A} \vec{H}\,d\vec{s} = \iint_{A} \vec{j}\,d\vec{A} = \sum_{i=1}^{n} I_i \tag{5.1}$$

$d\vec{A}$ ... Flächenelement
∂A ... Rand der Fläche (geschlossene Umlauflinie)
$\oint$ ... Integration über geschlossene Umlauflinie
$\sum_i I_i$ ... Ströme durch Fläche A

Der Satz von Stokes kann grafisch mittels einer Zerlegung des Flächenintegrals in kleine Flächenelemente anschaulich nachvollzogen werden. So sind in Abb. 5.2 exemplarisch zwei Ströme dargestellt, die durch die Blattebene hindurchfließen. Jeder Strom ruft, wie auch bereits in Abb. 5.1 gezeigt, ein Magnetfeld hervor. Die Überlagerung der Einzelmagnetfelder gemäß des Superpositionsprinzips führt zu einem Gesamtfeld im Raum $\vec{H}(\vec{r})$. Die inneren Linienintegrale über die Ränder der Flächenelemente kompensieren sich aufgrund gleichen Betrags und entgegengesetzter Richtung von $d\vec{s}$ gemäß der rechten Darstellung in Abb. 5.2, sodass nur das Wegintegral des äußeren Umlaufs übrigbleibt.

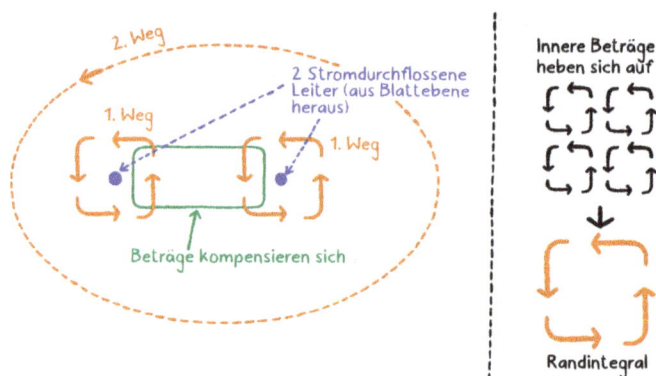

Abb. 5.2: Veranschaulichung zum Satz von Stokes.

! **Beispiel.** *Berechnung der Magnetfeldstärke um den geraden stromdurchflossenen Leiter*

Die Feldlinien um einen geraden stromdurchflossenen Leiter sind Kreise um den Leiter, wie bereits Abb. 5.1 zeigt. Folglich liegt eine Zylindersymmetrie vor, d. h., für einen bestimmten Abstand r vom Leiter ist $|\vec{H}(r)| = $ const. Mit diesem Wissen kann nun der Satz von Stokes angewandt werden:

$$\oint \vec{H}\, d\vec{s} = I \qquad \text{Satz von Stokes}$$

$$H \cdot 2\pi r = I \qquad \underbrace{\vec{H} \parallel d\vec{s}}_{(\cos \measuredangle(\vec{H}, d\vec{s}) = 1)}$$

$$H(r) = \frac{I}{2\pi r} \qquad (5.2)$$

Beispiel. *Magnetfeldstärke einer langen stromdurchflossenen Zylinderspule* !

Eine Zylinderspule ist durch die geometrischen Parameter der Windungszahl N und Länge l charakterisiert. Das Magnetfeld innerhalb einer langen stromdurchflossenen Zylinderspule ist stark (dichte Feldlinien) und näherungsweise homogen, wie in Abb. 5.3 dargestellt. Außerhalb der Zylinderspule ist das Magnetfeld vergleichsweise schwach (Feldliniendichte gering) und kann als vernachlässigbar angesehen werden. Mit diesen Annahmen kann das Magnetfeld im Inneren der Spule mithilfe des Satzes von Stokes berechnet werden:

$$\oint \vec{H}\, d\vec{s} = \int_0^l H_i \underbrace{ds_i}_{\substack{\text{Wegelement} \\ \text{im Inneren}}} \qquad \vec{H} \parallel d\vec{s}$$

$$H \cdot l \overset{!}{=} N \cdot I \qquad \text{Satz von Stokes}$$

$$H = \frac{N \cdot I}{l} \qquad (5.3)$$

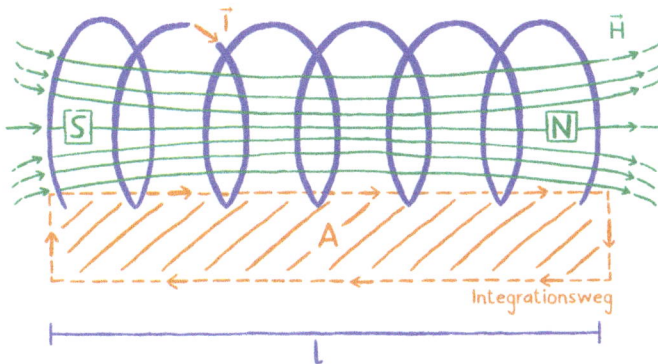

Abb. 5.3: Berechnung des Magnetfeldes im Inneren einer langen Spule.

5.2 Magnetische Flussdichte und magnetische Kraftwirkung

Es wird ein weiteres magnetisches Feld, die magnetische Flussdichte, eingeführt, deren Zweckmäßigkeit insbesondere bei Anwesenheit von Materie zu erkennen ist. Damit wird verständlich, wie sich Materialien unter dem Einfluss äußerer magnetischer Felder verhalten.

Magnetische Flussdichte

Die **magnetische Flussdichte** (auch **magnetische Induktion**) $\vec{B}(\vec{r}, t)$ ist eine Vektorgröße, die neben freien geladenen Strömen auch durch Beiträge im Material gebundener Ströme hervorgerufen wird. Sie kennzeichnet das effektiv wirksame Magnetfeld und ist über die Kraftwirkung auf eine bewegte Ladung definiert.

$$[B] = 1\frac{\text{Vs}}{\text{m}^2} \equiv 1\,\text{T} \quad \text{(Tesla)}$$

Lorentzkraft

Die **Lorentzkraft** beschreibt jene Kraft, die durch die magnetische Flussdichte $\vec{B}$ auf eine sich mit der Geschwindigkeit $\vec{v}$ bewegende Ladung Q verursacht wird.

$$\boxed{\vec{F} = Q\,(\vec{v} \times \vec{B})} \quad \textbf{Lorentzkraft} \tag{5.4}$$

Häufig wird die Lorentzkraft auch als Summe mit der durch ein elektrisches Feld $\vec{E}$ wirkenden Coulombkraft eingeführt:

$$\boxed{\vec{F} = Q(\vec{E} + \vec{v} \times \vec{B})} \tag{5.5}$$

Die Lorentzkraft wirkt stets senkrecht zur Bewegungsrichtung als auch zur Richtung des $\vec{B}$-Feldes ($\vec{F} \perp \vec{v}, \vec{B}$), wie in Abb. 5.4 gezeigt. Zudem folgen $\vec{v}, \vec{B}$ und $\vec{F}$ der Rechte-Hand-Regel (Kreuzprodukt). Bewegt sich die Ladung parallel zur Feldrichtung, so wirkt keine Kraft.

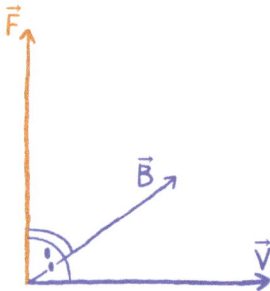

Abb. 5.4: Die Richtungen von $\vec{v}, \vec{B}, \vec{F}$ bilden ein Rechtssystem.

Beispiel. *Kraft auf freie bewegte Ladung im Magnetfeld* !

Auf ein freies bewegtes Teilchen mit Ladung q, Masse m und Geschwindigkeit $\vec{v}$, das in ein Magnetfeld eintritt, wirkt die Lorentzkraft $\vec{F}$ gemäß Gl. (5.4). Ist die Geschwindigkeit senkrecht zum Magnetfeld gerichtet, d. h. der Winkel zwischen $\vec{v}$ und $\vec{B}$ beträgt $\alpha = 90°$, so kann der Betrag der Kraft angegeben werden als:

$$F = \left| q\,(\vec{v} \times \vec{B}) \right| = qvB \sin \alpha = qvB \tag{5.6}$$

Zudem zeigt die Lorentzkraft immer senkrecht zur Bewegungsrichtung und beschreibt demnach eine Radialkraft F_r bzw. bewirkt eine Radialbeschleunigung a_r (vgl. Band *Mechanik*, Abschnitt 3.5), für die gilt:

$$F = F_r = qvB = ma_r = m\frac{v^2}{r} \tag{5.7}$$

Diese versetzt das bewegte Teilchen in eine Kreisbewegung mit Radius:

$$r = \frac{mv}{qB} \tag{5.8}$$

Beispiel. *Kraft auf stromdurchflossenen Leiter* !

Es soll die auf einen stromdurchflossenen Leiter durch ein äußeres $\vec{B}$-Feld wirkende Kraft hergeleitet werden. Es wird angenommen, dass sich die Elektronen mit Ladung q als Ensemble mit der Driftgeschwindigkeit v_{el} bzw. $v_d = \Delta l / \Delta t$ gleichförmig durch den Leiter bewegen. Der Leiter besitze eine Länge l und eine Querschnittsfläche A. Für die Ladungsträgerdichte n bzw. ein Leiterstück der Länge Δl mit Teilchenmenge ΔN (siehe Abb. 5.5) gilt:

$$n = \frac{\text{Anzahl}}{\text{Volumen}} = \frac{N}{V} = \frac{N}{A \cdot l} \tag{5.9}$$

$$\Delta N = n \cdot \Delta V = n \cdot \underbrace{v_d \cdot \Delta t}_{\Delta l} \cdot A \tag{5.10}$$

Die Kraft, die auf den gesamten Leiter wirkt, ist nun durch die Lorentzkraft gegeben:

$$\vec{F} = (N \cdot q)\,\vec{v}_d \times \vec{B} \tag{5.11}$$

Wird die Definition der Stromstärke $I = \Delta Q / \Delta t$ berücksichtigt, so ergibt sich für die Zahl der während Δt durch A tretenden Ladungen:

$$I = \frac{q \cdot \Delta N}{\Delta t} = q \cdot n \cdot v_d \cdot A \tag{5.12}$$

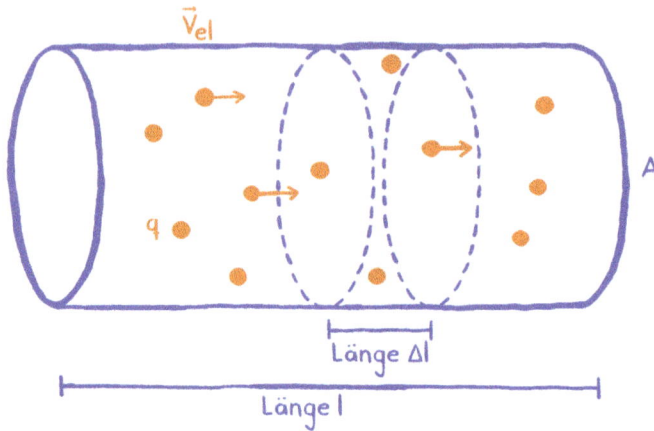

Abb. 5.5: Driftstrom im Leiter.

Damit lässt sich die Lorentzkraft auch als Kreuzprodukt aus Leiterlänge $\vec{l}$ (mit Richtungsvektor gemäß der technischen Stromrichtung bzw. $\vec{v}_d$ bei positiver Ladung Q) und magnetischer Induktion $\vec{B}$ schreiben ($Qv = Il$):

$$\vec{F} = \underbrace{n \cdot A \cdot l \cdot q}_{Q} \cdot \vec{v}_d \times \vec{B} \qquad (5.13)$$

$$\vec{F} = I \cdot \underset{\substack{\text{Richtungsvektor} \\ \text{identisch mit } \vec{v}_d \\ \text{Rechtssystem } \vec{l},\, \vec{B},\, \vec{F}}}{\underline{\vec{l}}} \times \vec{B} \qquad (5.14)$$

Unter Zuhilfenahme von Gl. (5.2) kann nun auch, in Anlehnung an die SI-Definition des Amperes vor dem Jahr 2019, die Kraft zwischen zwei stromdurchflossenen parallelen Leitern im Abstand r zueinander mit der Leiterlänge l und den Strömen I_1 und I_2 angegeben werden:

$$F = \frac{\mu_0 \, l}{2\pi r} I_1 I_2 \qquad (5.15)$$

Es soll ferner eine weitere durch Integration gewonnene magnetische Größe eingeführt werden, der magnetische Fluss, der insbesondere bei Induktionsvorgängen (vgl. Abschnitt 6.1) relevant wird. Abbildung 5.6 veranschaulicht diese neue skalare Größe als die Projektion der Flussdichte $\vec{B}$ auf eine bestimmte Fläche A. Bildlich gesprochen ist er ein Maß für die Anzahl der magnetischen Feldlinien, welche die Fläche A durchstoßen. Deshalb ist sein Wert für die rechte im Vergleich zur linken Abbildung kleiner. Es gilt wiederum der Integralsatz von Gauß, wenn über eine geschlossene Fläche integriert wird (z. B. eine Kugel oder ein Quader mit Volumen V, vgl. Abb. 5.7).

Abb. 5.6: Magnetischer Fluss als Projektion der Flussdichte auf eine Fläche.

Magnetischer Fluss

Der **magnetische Fluss** $\Phi(\vec{r}, t)$ ist eine skalare Größe, welche die durch eine bestimmte Fläche hindurchwirkende magnetische Flussdichte kennzeichnet.

$$\Phi = \iint \vec{B}\, d\vec{A} = \iint B \cos\alpha\, dA \qquad (5.16)$$

$$[\Phi] = 1\,\mathrm{Tm}^2 \equiv 1\,\mathrm{Wb} \quad \text{(Weber)}$$

Magnetischer Fluss Φ durch geschlossene Fläche A (Integralsatz von Gauß)
Der magnetische Fluss durch jede beliebige, aber geschlossene Oberfläche ist null. Das $\vec{B}$-Feld hat keine Quellen, es gibt keine magnetischen Monopole.

$$\oiint_{\partial V} \vec{B}\, d\vec{A} = 0 \qquad (5.17)$$

Dies bestätigt unsere Beobachtung zu den zerkleinerten Magneten. Aber warum ist das so? Grund dafür sind maßgeblich die bewegten Ladungsströme als Ursache von Magnetfeldern, die mikroskopisch auch in Materie auftreten (siehe Abschnitt 5.3). Würde man diese Bewegung anhalten, würde auch das dadurch hervorgerufene Magnetfeld verschwinden. Etwas philosophischer betrachtet kann man noch weiter gehen und sich mit seinem Bezugspunkt auf die sich bewegende Ladung setzen. Dann findet sich lokal immer ein bewegtes Bezugssystem, in dem alle Magnetfelder verschwinden und nur elektrische Felder existieren.

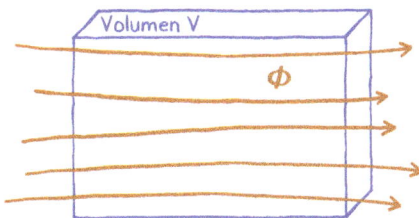

Abb. 5.7: Magnetischer Fluss einer beliebigen geschlossenen Oberfläche.

5.3 Materie im Magnetfeld

Bringt man Materie in ein Magnetfeld, so wird sie **magnetisiert** und die magnetische Flussdichte $\vec{B}$ (physikalisch effektives Magnetfeld) erfährt in der Regel Änderungen. Zwischen der magnetischen Flussdichte $\vec{B}$ und der magnetischen Feldstärke $\vec{H}$ gilt der folgende mathematische Zusammenhang, der auch gern als **2. Materialgleichung der Elektrodynamik** bezeichnet wird. Schön ist insbesondere die Analogie zum elektrischen Feld $\vec{E}$ und der dielektrischen Verschiebung $\vec{D}$ (Formel (4.37) in Abschnitt 4.5):

$$\vec{B} = \mu_0 \mu_r \vec{H} = \mu \vec{H} \tag{5.18}$$

Relative Permeabilität (Permeabilitätszahl)

Die **relative Permeabilität** μ_r kennzeichnet die Magnetisierung eines Materials in einem äußeren Magnetfeld. Sie wird als stoff- und frequenzabhängiges Verhältnis der **magnetischen Permeabilität** μ zum Vakuumswert μ_0 angegeben und häufig reduziert auf die **magnetische Suszeptibilität** χ_m.

$$\mu_r \equiv \frac{\mu}{\mu_0} \tag{5.19}$$

$$\chi_m = \mu_r - 1 \tag{5.20}$$

$\mu_0 \approx 4\pi \cdot 10^{-7} \, \dfrac{\text{Vs}}{\text{Am}}$ ... magnetische Feldkonstante, Induktionskonstante

! **Beispiel.** *Magnetische Flussdichte einer gefüllten Ringspule*

Es fließe ein zeitlich konstanter Strom I durch eine geschlossene Ringspule, wie in Abb. 5.8 dargestellt. Für eine ungefüllte Ringspule (Luft/Vakuum) ruft dieser Strom eine magnetische Feldstärke $\vec{H}_0$ und eine magnetische Flussdichte $\vec{B}_0$ hervor. Wird nun

Abb. 5.8: Magnetfeld $\vec{B}$ in einer gefüllten Ringspule.

ein Medium in die Spule eingebracht, so ändert sich die magnetische Feldstärke nicht, d. h., $\vec{H} = \vec{H}_0$. Grund ist, dass sich der eingeschlossene Storm nicht ändert und so nach dem Durchflutungsgesetz (Satz von Stokes, Formel (5.1)) $\vec{H}$ konstant bleibt. Aufgrund der in der Materie auftretenden magnetischen Polarisation $\vec{J}$ ändert sich jedoch die magnetische Flussdichte, d. h., es gilt, dass $\vec{B} \neq \vec{B}_0$.

Magnetische Polarisation und Magnetisierung

Die **magnetische Polarisation** $\vec{J}(\vec{r}, t)$ bzw. **Magnetisierung** $\vec{M}(\vec{r}, t)$ bezeichnen den Anteil der effektiven magnetischen Flussdichte $\vec{B}$, der durch die **im Material gebundenen Ladungsströme** hervorgerufen wird.

$$\boxed{\underbrace{\vec{B} = \mu_0 \vec{H}}_{\vec{B}_0} + \vec{J}} \tag{5.21}$$

$$\boxed{\vec{B} = \mu_0 (\vec{H} + \vec{M})} \tag{5.22}$$

$$[J] = [B] = 1\,\mathrm{Vsm}^{-2}$$

$$[M] = [H] = 1\,\mathrm{Am}^{-1}$$

Während die magnetische Feldstärke $\vec{H}$ ein physikalisches Hilfsfeld darstellt, welches durch die makroskopischen Ströme gegeben ist, schließt die magnetische Flussdichte $\vec{B}$ auch mikroskopische Ströme mit ein. Sie ist somit das physikalisch wirksame Feld.

Je nach Material führt $\mu_r < 1$ zur Abschwächung und $\mu_r > 1$ zur Verstärkung des externen $\vec{H}$-Feldes. Die Verstärkung kann für Ferromagneten mehrere Größenordnungen ausmachen. Für das Vakuum ist $\mu_r = 1$. Die Schwächung oder Verstärkung des magnetischen Feldes kommt zustande durch **im Material gebundene Ladungsströme**, also mikroskopische Kreisströme oder Dipolmomente, die durch ungepaarte Spins, den Bahndrehimpuls oder den Kernspin entstehen.

Viele Stoffe zeigen somit ein sogenanntes **paramagnetisches** oder **diamagnetisches** Verhalten. Sowohl paramagnetische als auch diamagnetische Stoffe sind dadurch gekennzeichnet, dass sie erst durch das Anlegen eines äußeren Magnetfeldes ein eigenes Magnetfeld ausbilden. Für sie gelten die folgenden Zusammenhänge:

$$\vec{J} = \mu_0 \vec{M} = (\mu_r - 1)\vec{B}_0 = \mu_0 \chi_m \vec{H} \tag{5.23}$$

$$\vec{M} = \chi_m \vec{H} \tag{5.24}$$

Es gilt $\mu_r < 1$ für dia- und $\mu_r > 1$ für paramagnetische Stoffe. Es ist jedoch anzumerken, dass für beide Stoffe μ_r sehr nah an 1 ist, weshalb sie nur einen geringen Einfluss auf die magnetischen Eigenschaften haben.

Diamagnetische Stoffe mit $\chi_m < 0$ werden aus Gebieten hoher Feldstärke herausgedrückt. Beispiele sind die Elemente Kohlenstoff und Bismut, sowie Supraleiter. Das magnetische Dipolmoment (Magnetisierung $\vec{M}$) ist antiparallel zum äußeren Magnetfeld gerichtet. Paramagnetische Stoffe mit $\chi_m > 0$ werden in Gebiete hoher Feldstärke hineingezogen. Beispiele sind Alkalimetalle (1. HG), Aluminium, wie auch seltene Erden. Das magnetische Dipolmoment (Magnetisierung $\vec{M}$) ist parallel zum äußeren Magnetfeld gerichtet.

Die Relation $\vec{M} \sim \vec{H}$ gilt **nicht für ferromagnetische Stoffe**. Diese zeigen eine hohe Magnetisierung mit relativen Permeabilitäten μ_r bis zur Größenordnung 10^4. Die Änderungen der Magnetisierung in einem äußeren Magnetfeld folgen der sogenannten **Magnetisierungskurve** ($\vec{M}$ als Funktion von $\vec{H}$) und zeigen den Effekt der **Hysterese** (Abb. 5.9).

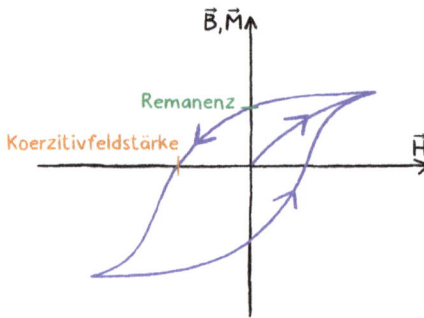

Abb. 5.9: Hysteresekurve eines ferromagnetischen Stoffes.

Kapitelzusammenfassung

Magnetostatik

Durchflutungsgesetz

$$\oint \vec{H} d\vec{s} = I$$

$$\oint \vec{B} d\vec{s} = \mu_0 \mu_r I$$

Lorentzkraft auf bewegte Ladung

$$\vec{F} = Q \, (\vec{v} \times \vec{B})$$

Kraft auf stromdurchflossenen Leiter

$$\vec{F} = I \, (\vec{l} \times \vec{B})$$

Kraft zwischen zwei stromdurchflossenen parallelen Drähten

$$F = \frac{\mu_0 l}{2\pi r} I_1 I_2$$

Stromfluss durch bewegte Ladung

$$Qv = Il$$

Kreisbahn eines Teilchens im Feld

$$r = \frac{mv}{qB}$$

Magnetische Flussdichte

$$\vec{B} = \mu_0 \mu_r \vec{H} = \mu_0 (\vec{H} + \vec{M})$$

Magnetischer Fluss

$$\Phi = \int \vec{B} \, d\vec{A} = \int B \cos \alpha \, dA$$

Feldstärken für bestimmte Geometrien

lange Spule

$$H = \frac{NI}{l}$$

gerader Draht

$$H = \frac{I}{2\pi r}$$

6 Instationäre Felder

https://doi.org/10.1515/9783111331577-007

6.1 Induktionsgesetz

Zeitlich veränderliche magnetische Felder bzw. Flüsse weisen eine Kraftwirkung auf freie Ladungsträger auf und können so elektrische Spannungen erzeugen – ein Vorgang, der als **Induktion** bezeichnet wird. Im Falle eines geschlossenen Kreislaufs kann auch ein elektrischer Strom beobachtet werden.

Beispiel. *Veränderlicher magnetischer Fluss durch eine Leiterschleife*

Ein Anwendungsbeispiel für die elektromagnetische Induktion findet sich in Abb. 6.1. Eine Leiterschleife, die sich in einem zeitlich konstanten magnetischen Feld befindet, wird aus diesem herausgezogen. An dem angeschlossenen Messgerät wird ein Spannungsstoß gemessen. Diese sogenannte Induktionsspannung ist davon abhängig, wie schnell die Leiterschleife aus dem magnetischen Feld herausbewegt wird. So ist das Maximum umso intensiver, je schneller die Leiterschleife aus dem magnetischen Feld herausbewegt wird. Fernerhin wird beobachtet, dass die über die Zeit integrierte Spannung immer gleich bleibt, d. h., sie ist unabhängig von der Geschwindigkeit, mit der die Leiterschleife aus dem magnetischen Feld gezogen wird:

$$\int U\,dt = \text{const.} \tag{6.1}$$

Bildlich gesprochen gilt folgender Satz (vgl. Definition des magnetischen Flusses Formel (5.17)).

Spannungsstoß Der **Spannungsstoß** ist proportional zur Änderung der Zahl von Feldlinien, die die Leiterschleife durchsetzen, d. h., er ist **proportional zur Änderung des magnetischen Flusses** $\Delta\Phi$.

$$\Delta\Phi = -\int U\,dt \tag{6.2}$$

wegen Lenz'scher
Regel (siehe unten)

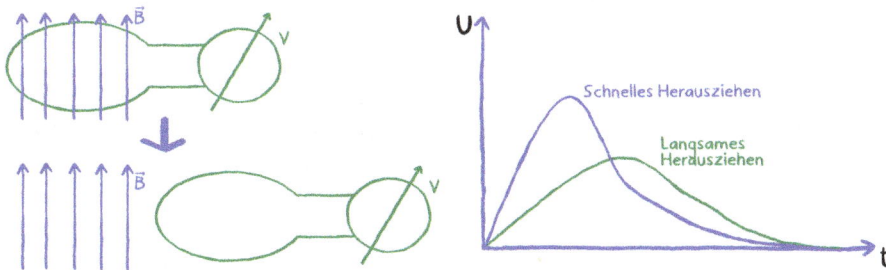

Abb. 6.1: Eine Leiterschleife wird aus einem Magnetfeld herausgezogen (links). Dabei erfolgt ein Spannungsstoß. Die induzierte Spannung ist am Spannungsmessgerät als Funktion der Zeit messbar (rechts).

Analog kann dieser Effekt auch durch ein **zeitlich veränderliches Magnetfeld** $\vec{B}(t)$ hervorgerufen werden. In einer Leiterschleife wird ebenfalls eine Spannung induziert. Beide Fälle lassen sich zusammenfassen und verallgemeinern, was zum Induktionsgesetz führt. Dieses kann direkt aus dem Spannungsstoß abgeleitet werden. Es beschreibt den zeitlichen Verlauf der induzierten Spannung differentiell.

Induktionsgesetz

Jede **zeitliche Änderung** des magnetischen Flusses $\Phi(t)$ induziert eine elektrische Spannung U_{ind}.

$$U_{\text{ind}}(t) = -\frac{d\Phi(t)}{dt} \tag{6.3}$$

Für eine Induktionsspule mit Windungszahl N gilt:

$$U_{\text{ind}} = -N\,\frac{d\Phi}{dt} \tag{6.4}$$

Wird der Stromkreis geschlossen, fließt ein **Induktionsstrom**. Für diesen gilt die folgende Regel, welche die durch den Stromfluss bestimmte Wirkung beschreibt und auch als Lenz'sche Regel bekannt ist. Davon wird noch häufig die Rede sein.

Lenz'sche Regel

Gemäß der **Lenz'schen Regel** hat der in einem geschlossenen Kreis induzierte Strom stets eine solche Richtung, dass sein Magnetfeld der Induktionsursache entgegenwirkt.

6.2 Beispiele für Induktionsvorgänge

Folgend werden für zwei Anwendungsbeispiele, in einem Magnetfeld bewegte Leiter bzw. durch zeitlich veränderliche Magnetfelder hervorgerufene Wirbelströme, die Phänomene der Induktion erklärt.

Beispiel. *Bewegter Leiter im Magnetfeld*

Ein gerader Leiter mit der Länge l bewegt sich gleichförmig mit der Geschwindigkeit $\vec{v}$ in einem homogenen Magnetfeld $\vec{B}$. Die Bewegungsrichtung ist orthogonal zur Feldrichtung, wie Abb. 6.2 veranschaulicht. Die Induktionsspannung lässt sich nun auf zweierlei Weisen ableiten.

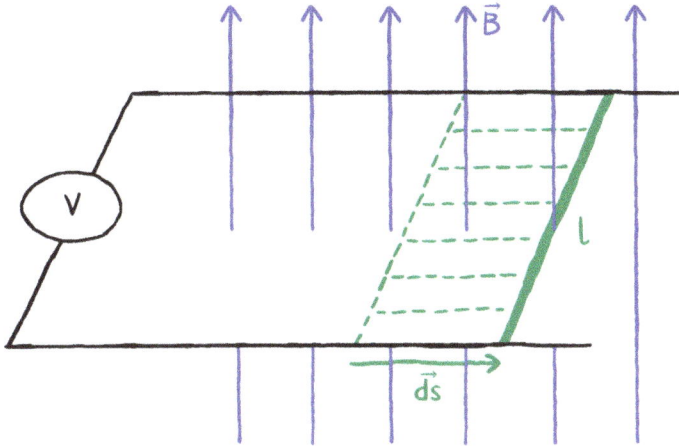

Abb. 6.2: Ein Leiter wird im Magnetfeld bewegt und die Spannung über die Leiterlänge *l* gemessen.

Variante A: Ableitung über das Induktionsgesetz

Die Geschwindigkeit v lässt sich über die im Zeitintervall dt zurückgelegte Strecke ds darstellen:

$$v = \frac{ds}{dt} \tag{6.5}$$

Die durch den Leiter überstrichene Fläche dA ergibt sich zudem aus:

$$dA = l \cdot ds \tag{6.6}$$

Nun lässt sich die induzierte Spannung über das Induktionsgesetz, unter Anwendung der beiden obigen Gleichungen, berechnen:

$$\boxed{|U_{\text{ind}}| = \frac{d\Phi}{dt} = \frac{B\,dA}{dt} \overset{(6.6)}{=} B \cdot l \cdot \frac{ds}{dt} \overset{(6.5)}{=} B \cdot l \cdot v} \tag{6.7}$$

Variante B: Ableitung über die Lorentzkraft

Durch die Bewegung des Leiters bewegen sich auch die in dem Leiter befindlichen freien Ladungsträger (Elektronen) im Magnetfeld. Auf sich im Magnetfeld bewegende Ladungen, sprich in unserem Fall die Elektronen, wirkt die Lorentzkraft, wie Abb. 6.3 zeigt.

Da es sich um Elektronen handelt, ist die Ladung $Q = -e$. Gemäß Formel (5.4) gilt somit:

$$\vec{F}_L = -e\,(\vec{v} \times \vec{B}) \tag{6.8}$$

Des Weiteren bilden $\vec{v}$, $\vec{B}$ und $-\vec{F}_L$ (Minus wegen negativer Ladung) ein Rechtssystem. (Man darf sich die Vektorpfeile gern auch auf die Finger der rechten Hand malen.)

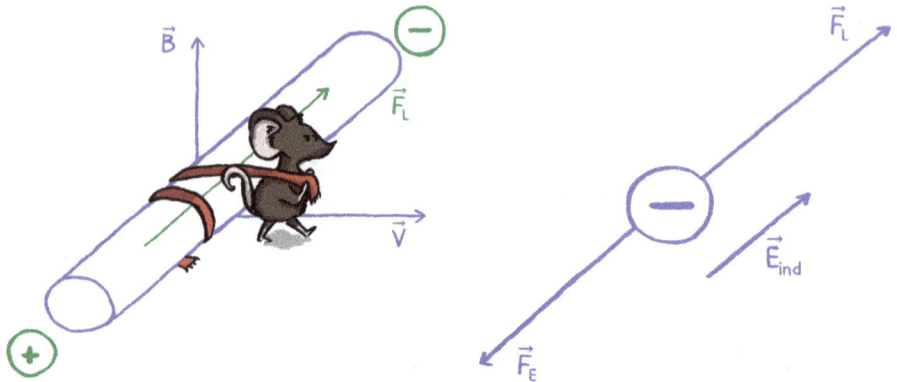

Abb. 6.3: Die Lorentzkraft wirkt auf die Elektronen des bewegten Leiters (links). Die auf die Elektronen im Leiter wirkenden Kräfte sind für den Gleichgewichtsfall dargestellt (rechts).

Die Lorentzkraft bewirkt eine Verschiebung der Elektronen, was zum Aufbau eines (induzierten) elektrischen Feldes $\vec{E}_{\text{ind}}$ führt. Dieses $\vec{E}$-Feld wiederum verursacht eine der Lorentzkraft entgegengesetzte Kraft $\vec{F}_E$ auf die Elektronen:

$$\vec{F}_E = -e \cdot \vec{E}_{\text{ind}} \tag{6.9}$$

Die Verschiebung von Elektronen endet mit einem Kräftegleichgewicht. In Abb. 6.3 ist rechts der sich einstellende Gleichgewichtsfall mit $|\vec{F}_L| = |\vec{F}_E|$ dargestellt. Es gilt:

$$e \cdot v \cdot B = e \cdot E_{\text{ind}} \underset{\uparrow}{=} e \, \frac{U_{\text{ind}}}{l} \tag{6.10}$$

$$\left(U = \int \vec{E}\, d\vec{s} \right)$$

Für die induzierte Spannung ergibt sich somit äquivalent zu Gleichung (6.7):

$$\boxed{|U_{\text{ind}}| = B \cdot l \cdot v} \tag{6.11}$$

! **Beispiel.** *Wirbelströme*

Wird nun zudem der äußere Stromkreis geschlossen, so verursacht die induzierte Spannung sofort einen induzierten Strom $\vec{I}_{\text{ind}}$ und dieser wiederum ein induziertes Magnetfeld $\vec{B}_{\text{ind}}$, das gemäß der „Rechte-Faust-Regel" dem äußeren $\vec{B}$-Feld entgegenwirkt (siehe Abb. 6.4).

Wirbelströme sind induzierte Ströme in **ausgedehnten Leitern**. Gemäß des Induktionsgesetzes ist ihr Auftreten durch einen zeitlich veränderlichen magnetischen Fluss bedingt, also durch ein zeitlich veränderliches Magnetfeld oder die Bewegung eines Leiters in einem inhomogenen Magnetfeld. Die Stromlinien sind, durch die Ausdehnung des Leiters, wie Wirbel in sich geschlossen.

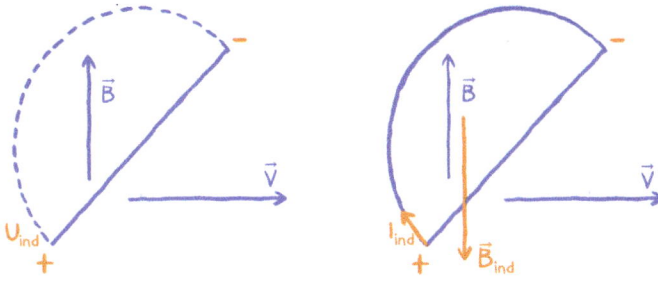

Abb. 6.4: Ein geschlossener Leiterkreis wird im Magnetfeld bewegt.

Wirbelströme rufen wiederum, analog zur Skizze des geschlossenen Stromkreises einer bewegten Leiterbahn (in Abb. 6.4 diskutiert), ein entsprechend der Lenz'schen Regel zum äußeren Feld **entgegengesetzt gerichtetes Magnetfeld** hervor.

6.3 Selbstinduktion

Zeitlich veränderliche Ströme $I(t)$ im Leiter rufen ein ebenfalls zeitlich veränderliches magnetisches Feld $B(t)$ hervor. Dieses wiederum induziert eine Spannung U_{ind}, sowohl in einer räumlich getrennten Spule als auch im Leiter selbst. Letzteres wird als **Selbstinduktion** bezeichnet.

> **Gemäß der Lenz'schen Regel ist der Induktionsstrom im Leiter der Änderung der ursprünglichen Ströme entgegengerichtet.**

Beispiel. *Selbstinduktion in einer langen Spule*   !

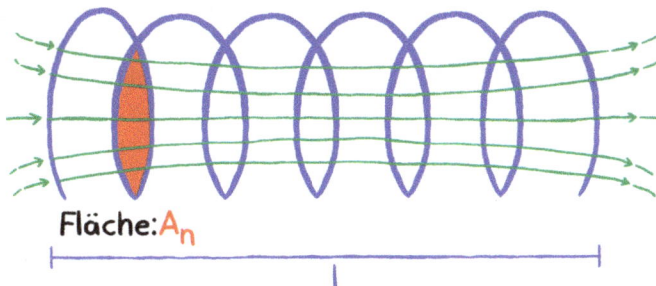

Fläche: A_n

Abb. 6.5: Lange Spule mit N Windungen, einer Länge l und einer Querschnittsfläche A_n.

Wird eine lange Spule, wie in Abb. 6.5, mit einer Länge l, Windungszahl N und Querschnittfläche A_n von einem zeitlich veränderlichen Strom $I(t)$ durchflossen, so kommt es in ihr zur Selbstinduktion. Es gilt das Induktionsgesetz:

$$U_{\text{ind}} = -N\frac{d\Phi}{dt} \qquad \text{mit } d\Phi = A_n \cdot dB \tag{6.12}$$

$$= -N \cdot A_n \frac{dB}{dt} \qquad \text{mit } B = \mu_0\,\mu_r\,H = \mu_0\,\mu_r\,\frac{I \cdot N}{l} \tag{6.13}$$

Für die Selbstinduktion gilt schließlich:

$$U_{\text{ind}} = -\underbrace{\mu_0\,\mu_r\,A_n\,\frac{N^2}{l}}_{\equiv L\,(\text{Induktivität})} \cdot \frac{dI(t)}{dt} \tag{6.14}$$

Die ersten Faktoren sind Größen, die für eine Spule spezifisch sind. Sie lassen sich zur Induktivität zusammenfassen, welche die wichtigste Kenngröße einer Spule darstellt:

$$\boxed{L = \mu_0\,\mu_r\,A_n\,\frac{N^2}{l}} \quad \textbf{Induktivität einer Spule} \tag{6.15}$$

Induktivität

Die **Induktivität (auch Selbstinduktivität)** L kennzeichnet die Proportionalität zwischen der durch ein zeitlich veränderliches Magnetfeld induzierten Spannung U_{ind} zur zeitlichen Änderung der elektrischen Stromstärke $I(t)$.

$$U_{\text{ind}} = -L\frac{dI(t)}{dt} \quad \textbf{Induzierte Spannung} \tag{6.16}$$

$$[L] = 1\,\frac{\text{Vs}}{\text{A}} = 1\,\text{H} \quad \text{(Henry)}$$

Aus Formel (6.16) geht hervor, dass es immer dann zur Selbstinduktion kommt, wenn sich der durch die Spule fließende Strom zeitlich ändert. Das gilt insbesondere für Wechselströme (siehe Abschnitt 6.5), aber auch beim Einschaltvorgang von Gleichströmen. Hier bewirkt die Spule ein verzögertes Ansteigen des Stromes auf den Endwert. Beim Ausschalten wiederum verursacht die Spule ein verzögertes Abklingen des Stromes.

6.4 Energiegehalt des magnetischen Feldes

Es soll die Energie, die im magnetischen Feld einer Spule gespeichert ist, berechnet werden. Während des Feldaufbaus beim Einschalten wird Arbeit durch die Stromquelle **gegen die Wirkung der Selbstinduktion der Spule** verrichtet.

$$U_{\text{ind}} = -N\frac{d\Phi}{dt} = -L\frac{dI}{dt} \tag{6.17}$$

Die äußere Spannung U muss die induzierte Spannung U_{ind} überwinden. Mit $U = -U_{\text{ind}}$ ist:

$$W_m = \int \underbrace{I \cdot U}_{P} \, dt = -\int I \cdot U_{\text{ind}} \, dt = \int_0^t I \cdot L \frac{dI}{dt} \, dt = \underbrace{\int_0^I L \cdot I \, dI}_{} \tag{6.18}$$

(oberer Grenzwert:
Endwert von I)

$$W_m = \frac{1}{2} L \cdot I^2 \tag{6.19}$$

Die **Energiedichte** wiederum lässt sich mithilfe der Felder ausdrücken. Für eine lange Spule gilt gemäß Gleichungen (5.3) und (6.15):

$$I = \frac{H \cdot l}{N}, \quad L = \mu_o \mu_r \frac{N^2 A}{l} \tag{6.20}$$

Somit ergibt sich aus Gleichung (6.19):

$$W_m = \frac{1}{2} \mu_o \mu_r \cdot \underbrace{(A \cdot l)}_{Volumen} \cdot H^2 \tag{6.21}$$

Und mit $B = \mu_o \mu_r H$ folgt:

$$w_m = \frac{W_m}{V} = \frac{1}{2} H \cdot B \quad \textbf{Energiedichte} \tag{6.22}$$

Es stellt sich heraus, dass diese Formel für die Energiedichte ganz allgemein gültig ist und nicht nur für eine lange Spule. Unter Berücksichtigung von Gleichung (4.46) ergibt sich somit für die **Gesamtenergiedichte elektromagnetischer Felder**:

$$w_{em} = w_{el} + w_m = \frac{1}{2} (D \cdot E + H \cdot B) \quad \textbf{Gesamtenergiedichte} \tag{6.23}$$

6.5 Wechselstrom

In den nun folgenden Betrachtungen werden wir uns auf periodische, rein harmonische Wechselströme beschränken, d. h. solche Wechselströme, die sich mithilfe von Sinus- und Cosinus- bzw. komplexen Exponentialfunktionen beschreiben lassen.

Die **Momentanwerte** für Strom und Spannung können beispielsweise über die folgenden Sinusfunktionen beschrieben werden. Eine grafische Darstellung findet sich in Abb. 6.6. Die Phasenverschiebung zwischen Strom I und Spannung U (mit Nullphasenwinkel φ, neben Kreisfrequenz $\omega = \frac{2\pi}{T}$ und Schwingungsperiode T) wird dabei stets relativ zum Strom angegeben:

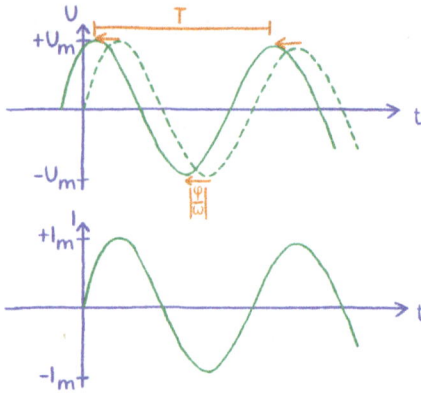

Abb. 6.6: Grafische Darstellung eines rein harmonischen Wechselstromes mit Phasenverschiebung φ zwischen I und U.

$$\textbf{Momentanwerte} \quad \begin{cases} U(t) = U_m \sin(\omega t + \varphi) & \text{Spannung} \\ I(t) = I_m \sin(\omega t) & \text{Strom} \end{cases} \tag{6.24}$$

In vielen Fällen ist es von Vorteil, die Effektivwerte eines Wechselstromes anzugeben.

Der **Effektivwert** eines Wechselstroms entspricht demjenigen Gleichstrom, der die gleiche Leistung (z. B. Wärmewirkung) hervorruft.

Die Effektivwerte lassen sich über die Leistung herleiten:

$$\text{Momentanwert:} \quad P(t) = R \cdot I(t)^2 \tag{6.25}$$

$$\text{Mittelwert:} \quad \overline{P} = R\,\overline{I^2} = R \cdot I_{\text{eff}}^2 \tag{6.26}$$

$$\text{mit} \quad I = I_m \sin(\omega t) \quad \text{und} \quad \omega = \frac{2\pi}{T} \tag{6.27}$$

$$I_{\text{eff}}^2 = \overline{I^2} = \frac{1}{T} \int_0^T I^2 \, dt = \frac{1}{T} I_m^2 \int_0^T \sin^2(\omega t) \, dt = \frac{I_m^2}{2} \tag{6.28}$$

Nebenrechnung: $\quad \dfrac{1}{T} \displaystyle\int_0^T \sin^2 \underbrace{\omega t}_{\substack{\equiv x = \omega t \\ dx = \omega dt}} \, dt = \dfrac{1}{\omega T} \displaystyle\int_0^{\omega T} \underbrace{\sin^2 x}_{\sin x \cdot \sin x} \, dx \overset{\substack{\text{part.}\\\text{Integr.}}}{=} \dfrac{1}{2} \dfrac{x}{\omega T}\Big|_0^{\omega T} = \dfrac{1}{2}$

$$\underbrace{-\cos x \cdot \sin x \big|_0^{\omega T}}_{=0} + \int \cos^2 x \, dx \tag{6.29}$$

$$\underbrace{\int 1 \, dx}_{\substack{x|_0^{\omega T} \\ = \omega T}} - \underbrace{\int \sin^2 x \, dx}_{\substack{\text{Integral} \\ \text{reproduziert} \\ \Rightarrow \text{Faktor} \frac{1}{2}}}$$

$$\textbf{Effektivwerte} \begin{cases} U_{\text{eff}} = \frac{U_m}{\sqrt{2}} & \text{Spannung} \\ I_{\text{eff}} = \frac{I_m}{\sqrt{2}} & \text{Strom} \end{cases} \tag{6.30}$$

Als Hilfsmittel wird im Folgenden das Konzept der **komplexen Zahlen** Z aus der Mathematik genutzt. In der **Gauß'schen Zahlenebene** wird Z mit einem Realteil $\Re e\, Z$ und einem Imaginärteil $\Im m\, Z$ beschrieben, ähnlich zu einem Vektor mit zwei Komponenten, welche auf den Achsen eines rechtwinkligen Koordinatensystems aufgetragen sind. Alternativ kann Z mittels Polarkoordinaten auch über Betrag und Richtung beschrieben werden. Beide Darstellungen sind in Abb. 6.7 veranschaulicht. Für Betrag und Richtung von Z gilt:

$$|Z| = \sqrt{(\Re e\, Z)^2 + (\Im m\, Z)^2} \tag{6.31}$$

$$\tan\theta = \frac{\Im m\, Z}{\Re e\, Z} \tag{6.32}$$

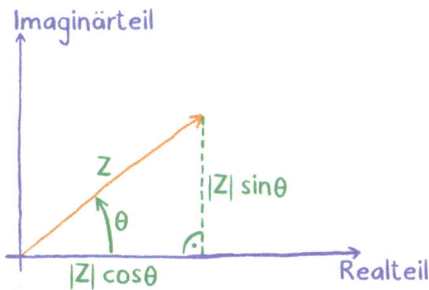

Abb. 6.7: Komplexe Zahl Z in der Gauß'schen Zahlenebene.

Zudem ist in Abb. 6.7, wieder analog zur Polarkoordinatendarstellung gesehen, auch die folgende Identität mit der Exponentialfunktion gemäß der **Euler'schen Formel** erkennbar:

$$Z = |Z| \cdot e^{i\theta} = |Z|(\cos\theta + i\sin\theta) \tag{6.33}$$

$$\text{mit} \quad i = \sqrt{-1} \quad \text{bzw.} \quad i^2 = -1 \tag{6.34}$$

Mit dieser Zahlenbeschreibung ist es nun auch möglich, U und I durch komplexe Exponentialfunktionen darzustellen, diesmal zur Abwechslung mit der Phasendifferenz in I geschrieben, deshalb auch das negative Vorzeichen:

$$U = U_m(\cos\omega t + i\sin\omega t) = U_m\, e^{i\omega t} \tag{6.35}$$

$$I = I_m(\cos(\omega t - \varphi) + i\sin(\omega t - \varphi)) = I_m\, e^{i(\omega t - \varphi)} \tag{6.36}$$

Für zwei ausgewählte Zeitpunkte $t_1 = 0$ und $t_2 = \pi/(2\omega)$ zeigt Abb. 6.8 die komplexe Spannung und den komplexen Strom, die sich bei konstantem Betrag in ihrer Richtung mit der Zeit t und Kreisfrequenz ω gekoppelt um den Ursprung des Koordinatensystems drehen.

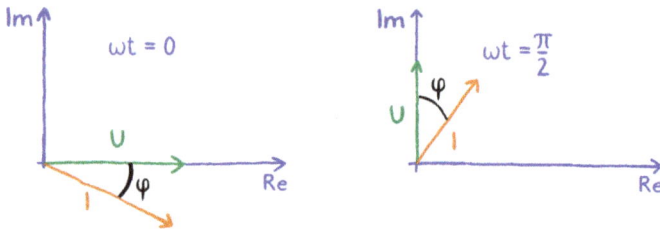

Abb. 6.8: Phasenverschiebung mit Winkeldifferenz φ zwischen komplexem Strom I und komplexer Spannung U.

Die **Impedanz**, bzw. der **Wechselstromwiderstand**, wird in der Elektrodynamik als komplexe Zahl auch mit dem physikalischen Formelzeichen Z bezeichnet, und stellt eine Erweiterung des in Abschnitt 2.2 definierten elektrischen Widerstandes dar. Dank dieses Konzepts im komplexen Zahlenraum kann insbesondere die Phasenverschiebung zwischen Strom und Spannung geschlossen beschrieben werden:

$$Z = \frac{U}{I} = \text{Wirkanteil } R + i \cdot \text{Blindanteil } X \quad \textbf{Impedanz} \qquad (6.37)$$

Physikalische **Wirkung** zeigen stets nur die Realteile bzw. **Wirkanteile** $\mathfrak{Re}\, U$, $\mathfrak{Re}\, I$ und $\mathfrak{Re}\, R$. Die über den **Blindwiderstand** in Form von **Blindleistung** in Induktivitäten (Spule) oder Kapazitäten (Kondensator) gespeicherte Energie wird nach einer viertel Periode an die Wechselstromquelle zurückgegeben. Die Anteile selbst sind harmonische Funktionen, die zeitlich oszillieren (vgl. Abb. 6.9 und Tab. 6.1).

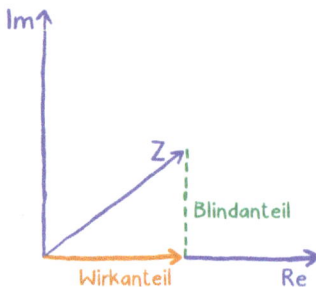

Abb. 6.9: Grafische Veranschaulichung der Impedanz Z, des Wirkanteils R und des Blindanteils X in der komplexen Zahlenebene.

Beispiel. *Ohm'scher Widerstand*

Wird an einen Ohm'schen Widerstand ein Gleichstrom angelegt, so gilt nach dem Ohm'schen Gesetz, dass:

$$\frac{U}{I} = R \tag{6.38}$$

Im Falle eines angelegten Wechselstroms gilt für die Impedanz Z:

$$Z = \frac{U}{I} = \frac{U_m}{I_m} \frac{e^{i\omega t}}{e^{i(\omega t - \varphi)}} = \frac{U_m}{I_m} \cdot e^{i\varphi} \overset{!}{=} R \tag{6.39}$$

Für einen Ohm'schen Widerstand gilt, dass $Z = R$ reell ist, d. h., die Impedanz Z hat nur einen Wirkanteil R, aber keinen Blindanteil X. Folglich muss gelten, dass:

$$e^{i\varphi} = 1 \tag{6.40}$$

woraus sofort folgt, dass $\varphi = 0$. Spannung und Strom sind also phasengleich, wie in Abb. 6.10 illustriert. Als Widerstand ergibt sich:

$$Z = R = \frac{U_m}{I_m} = \frac{U_{\text{eff}}}{I_{\text{eff}}} \tag{6.41}$$

Der Betrag der Impedanz wird im Wechselstromkreis auch als **Scheinwiderstand** $|Z|$ bezeichnet und ist in Schaltungen mit Ohm'schen Widerständen, Induktivitäten und Kapazitäten in der Regel frequenzabhängig. Es gilt das **erweiterte Ohm'sche Gesetz**:

$$Z = \frac{U}{I} \tag{6.42}$$

$$|Z| = \frac{U_m}{I_m} = \frac{U_{\text{eff}}}{I_{\text{eff}}} \tag{6.43}$$

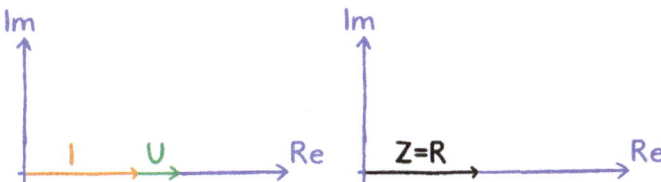

Abb. 6.10: Phasengleichheit von U und I beim Ohm'schen Widerstand im Wechselstromkreis.

Im Wechselstromkreis können Widerstände mithilfe von drei idealisierten Grenzfällen beschrieben werden:

1. Ein Ohm'scher Widerstand besitzt keinen Blindanteil X, sondern nur den Wirkanteil R.
2. Eine Spule hat keinen Wirkanteil R, sondern nur einen Blindanteil X_L bei einer Phasenverschiebung von $+\pi/2$.
3. Ein Kondensator hat keinen Wirkanteil R, sondern nur einen Blindanteil X_C bei einer Phasenverschiebung von $-\pi/2$.

Die folgende Tabelle (Tab. 6.1) gibt einen Überblick über das Verhalten von Ohm'schen Widerstand, Spule und Kondensator in einem Wechselstromkreis.

Tab. 6.1: Verhalten von Ohm'schem Leiter, Spule und Kondensator im Wechselstromkreis.

Ohm'scher Leiter mit Widerstand R	Spule mit Induktivität L	Kondensator mit Kapazität C
$U_R = R \cdot I$ $U_R = R \cdot I_m \sin \omega t$	$U_L = L \cdot \frac{dI}{dt}$ $U_L = \omega L \cdot I_m \cos \omega t$ $U_L = \omega L \cdot I_m \sin(\omega t + \frac{\pi}{2})$	$U_C = \frac{Q}{C} = \frac{1}{C} \int I \, dt$ $U_C = -\frac{1}{\omega C} I_m \cos \omega t$ $U_C = \frac{1}{\omega C} I_m \sin(\omega t - \frac{\pi}{2})$
Wirkwiderstand R (Energieumwandlung in therm./mech./chemische Energie)	Blindwiderstand X_L $X_L = \omega L \xrightarrow{\text{kleine } \omega} 0$ (Energie ins $\vec{B}$-Feld)	Blindwiderstand X_C $X_C = \frac{1}{\omega C} \xrightarrow{\text{große } \omega} 0$ (Energie ins $\vec{E}$-Feld)
$\varphi = 0$ keine Phasenverschiebung	$\varphi = +\frac{\pi}{2}$ Spannung vor Strom	$\varphi = -\frac{\pi}{2}$ Spannung nach Strom

Wie bereits ausführlich in der Mechanik diskutiert, führen elastische Reflexionen von Wechselströmen entsprechend ihrer Ausbreitung im Raum in Form von harmonischen Wellenfunktionen zur Ausbildung von **stehenden Wellen**. Im eindimensionalen Leiter kann man die Phänomene anschaulich anhand der Experimente zur Lecher-Leitung nachvollziehen.

6.6 Elektrischer Schwingkreis

6.6.1 *LC*-Schwingkreis

Abbildung 6.11 zeigt einen *LC*-**Schwingkreis** bestehend aus Spule L und Kondensator C. In ihm wird eine **freie ungedämpfte elektromagnetische Schwingung** beobachtet. Zu Beginn wird der Kondensator durch die Spannungsquelle mit einer Ladung Q_0 geladen und anschließend getrennt. Zum Zeitpunkt $t = 0$ wird der Schwingkreis geschlossen. Der zeitliche Verlauf von Strom und Spannung soll nun bestimmt werden.

Grundlegend gilt der Kirchhoff'sche Maschensatz:

$$U_C + U_L = 0 \qquad (6.44)$$

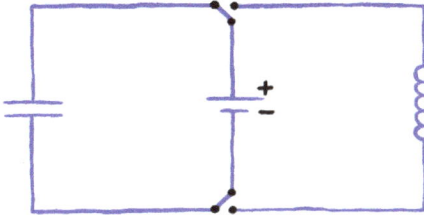

Abb. 6.11: Grafische Veranschaulichung des *LC*-Schwingkreises mit Kondensator (links), Stromquelle (Mitte) und Spule (rechts).

Für die Spannung am und den Strom auf den Kondensator gilt, dass:

$$U_C = \frac{Q}{C} \tag{6.45}$$

$$I = \frac{dQ}{dt} \tag{6.46}$$

Die Spannung an der Spule können wir als zweite Ableitung der Ladung nach der Zeit schreiben:

$$U_L = L\frac{dI}{dt} = +L\frac{d^2Q}{dt^2} \tag{6.47}$$

und mit den Formeln (6.44) bis (6.46) folgt die **freie ungedämpfte elektromagnetische Schwingungsgleichung**:

$$\frac{Q}{C} + L\frac{d^2Q}{dt^2} = 0 \tag{6.48}$$

$$\frac{d^2Q}{dt^2} + \underbrace{\frac{1}{LC}}\, Q = 0 \tag{6.49}$$

$$\equiv \omega_0^2 \tag{6.50}$$

Diese Gleichung ist die Differentialgleichung einer harmonischen Schwingung. Als Lösung ergibt sich mit der Anfangsbedingung $Q(t = 0) = Q_0$ und Eigenfrequenz ω:

$$Q(t) = Q_0 \cos \omega t \tag{6.51}$$

$$\omega = \omega_0 = \frac{1}{\sqrt{LC}} \tag{6.52}$$

Durch die sich zeitlich periodisch ändernde Spannung am Kondensator kommt es zu einer Oszillation des elektrischen Feldes im Kondensator. Das gleiche gilt für das magnetische Feld der Spule, welches durch die zeitliche periodische Änderung des Stroms ebenso oszilliert. Abbildung 6.12 zeigt die $\vec{E}$- und $\vec{B}$-Felder des Schwingkreises zu verschiedenen Zeitpunkten. Nach einer Phasenverschiebung von $\Delta\varphi = \pi$ sind die Felder jeweils in entgegengesetzter Richtung eingestellt.

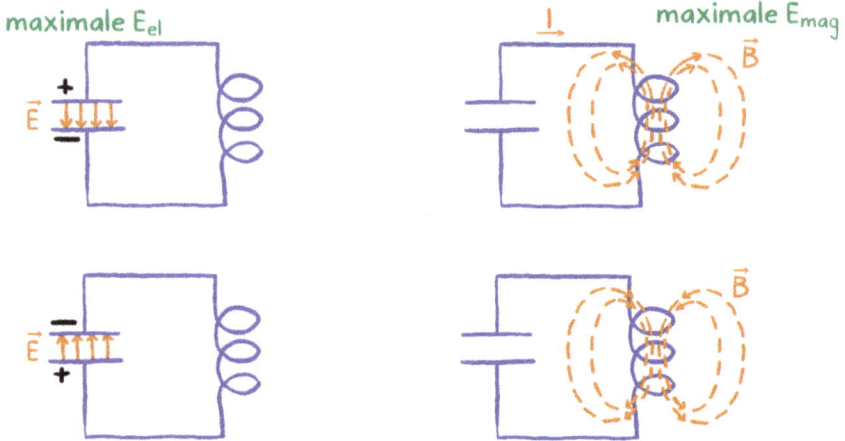

maximale E_{el} maximale E_{mag}

Abb. 6.12: Oszillation von $\vec{E}$-Feld und $\vec{B}$-Feld im Schwingkreis und der in diesen gespeicherten elektromagnetischen Feldenergie für die Phasen 0 (oben links), $\frac{\pi}{2}$ (oben rechts), π (unten links) und $\frac{3}{2}\pi$ (unten rechts).

Entsprechend gilt für die Spannung am Kondensator und den Strom durch die Spule:

$$U_C(t) = U_0 \cos \omega t, \qquad U_0 = \frac{Q_0}{C} \tag{6.53}$$

$$I(t) = \frac{dQ}{dt} = \underbrace{-\,\omega\,Q_0}_{=I_0} \sin \omega t, \quad I_0 = \omega\,Q_0 \tag{6.54}$$

Wenn Q und U_C maximal sind, ist die gesamte Energie in Form von **elektrischer Energie** im Kondensator gespeichert (siehe Abschnitt 4.7):

$$E_{el}^{max} = \frac{1}{2}\,C\,U_0^2 = \frac{1}{2}\,\frac{Q_0^2}{C} \tag{6.55}$$

Wenn I maximal ist, ist die gesamte Energie in Form von **magnetischer Energie** in der Spule gespeichert (siehe Abschnitt 6.4):

$$E_{mag}^{max} = \frac{1}{2}\,L I_0^2 = \frac{1}{2}\,L(\omega Q_0)^2 = \frac{1}{2}\,L\,\omega^2 Q_0^2 = \frac{1}{2}\,L\,\frac{1}{LC}\,Q_0^2 = \frac{1}{2}\,\frac{Q_0^2}{C} \tag{6.56}$$

Für den Zeitverlauf gilt wegen $\sin^2 \omega t + \cos^2 \omega t = 1$ zu jedem Zeitpunkt die **Energieerhaltung**:

$$E_{ges} = E_{el}^{max} = E_{mag}^{max} = E_{el}(t) + E_{mag}(t) = \text{const.} \tag{6.57}$$

Man erkennt die Analogie zum mechanischen, harmonischen Oszillator:

$$E_{\text{ges}} = E_{\text{pot}}(t) + E_{\text{kin}}(t) = \text{const.} \tag{6.58}$$

6.6.2 *LCR*-Schwingkreis

Abbildung 6.13 zeigt einen *LCR*-**Schwingkreis** bestehend aus Spule L, Kondensator C und Ohm'schem Widerstand R. In ihm wird eine **freie gedämpfte elektromagnetische Schwingung** beobachtet. Zu Beginn wird der Kondensator durch die Spannungsquelle mit der Ladung Q_0 geladen und anschließend getrennt. Zum Zeitpunkt $t = 0$ wird der Schwingkreis geschlossen. Der zeitliche Verlauf von Strom und Spannung soll nun bestimmt werden. Grundlegend gilt wieder der Kirchhoff'sche Maschensatz:

$$U_L + U_R + U_C = 0 \tag{6.59}$$

und mit dem Ohm'schen Gesetz am Widerstand $U_R = R \cdot I$:

$$L \frac{d^2 Q}{dt^2} + R \frac{dQ}{dt} + \frac{Q}{C} = 0 \tag{6.60}$$

Der Ohm'sche Widerstand R bewirkt eine Dissipation in Wärme und damit eine Dämpfung der Schwingung, was durch den Reibungsterm über die erste Zeitableitung in Q als $\frac{dQ}{dt}$ mit in die Dynamik des Systems eingeht. Neben dem Widerstand können Energieverluste bzw. Dämpfungen in ähnlicher Weise z. B. auch durch die Abstrahlung elektromagnetischer Wellen an einem Sender oder das Hystereseverhalten eines Weicheisenkerns in einer Spule, wichtig u. a. bei Transformatoren, gegeben sein.

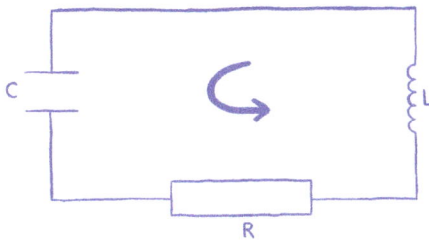

Abb. 6.13: Grafische Veranschaulichung des *LCR*-Schwingkreises mit Kondensator (links), Ohm'schem Widerstand (Mitte) und Spule (rechts).

Die Differentialgleichung lässt sich umschreiben:

$$\frac{d^2 Q}{dt^2} + \underbrace{\frac{R}{L}}_{\equiv 2\gamma} \frac{dQ}{dt} + \underbrace{\frac{1}{LC}}_{\equiv \omega_0^2} Q = 0 \tag{6.61}$$
$$\tag{6.62}$$

und mit einem geeigneten Ansatz $Q(t) \sim e^{\lambda t}$ lösen. Die charakteristische Gleichung:

$$\lambda^2 + 2\gamma\lambda + \omega_0^2 = 0 \tag{6.63}$$

führt zu den beiden Lösungen der Differentialgleichung:

$$\lambda_{1/2} = -\gamma \pm \sqrt{\gamma^2 - \omega_0^2} \tag{6.64}$$

$$e^{\lambda_{1/2}t} = e^{-\gamma t} e^{\pm \sqrt{\gamma^2 - \omega_0^2}\, t} \tag{6.65}$$

und damit zur allgemeinen Lösung:

$$\boxed{Q(t) = A\, e^{\lambda_1 t} + B\, e^{\lambda_2 t}} \tag{6.66}$$

Man unterscheidet analog zur Mechanik drei Fälle:

$$\frac{R}{2L} = \gamma \lesseqgtr \omega_0 = \frac{1}{\sqrt{LC}} \tag{6.67}$$

a) *Schwingfall* (schwache Dämpfung mit $\gamma < \omega_0$)
b) *Aperiodischer Grenzfall* (kritische Dämpfung mit $\gamma = \omega_0$)
c) *Kriechfall* (starke Dämpfung mit $\gamma > \omega_0$)

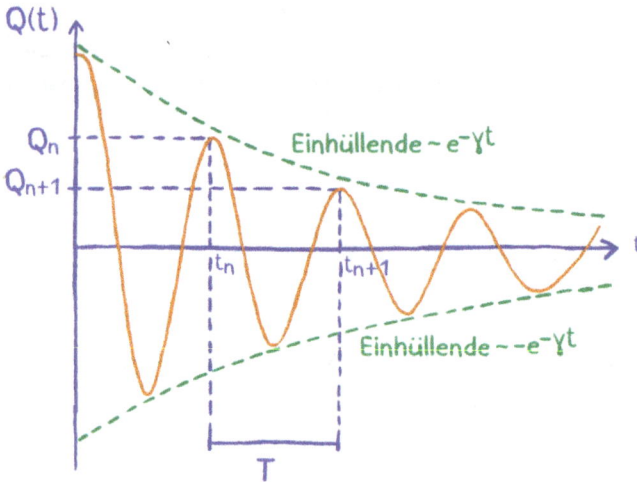

Abb. 6.14: Schwingfall des LCR-Schwingkreises mit schwacher Dämpfung. Die zeitliche Oszillation der Ladung Q wird durch exponentiell abklingende Einhüllende begrenzt.

Der Fall a) der schwachen Dämpfung soll weiter diskutiert werden. Hierbei ist $\sqrt{\gamma^2 - \omega_0^2} = i\sqrt{\omega_0^2 - \gamma^2}$ imaginär. Die Frequenz $\Omega^2 \equiv \omega_0^2 - \gamma^2$ ist durch die Dämpfung kleiner als die Eigenfrequenz ω_0 für eine Schwingung ohne Dämpfung. Sowohl die Amplitude als auch die Energie der Schwingung nehmen mit der Zeit ab, da die Energie im Ohm'schen Widerstand in Wärme umgewandelt wird. Die zeitliche Oszillation der Ladung Q wird durch exponentiell abklingende **Einhüllende** begrenzt (Abb. 6.14).

Das Maß für die Dämpfung ist das **logarithmische Dekrement** Λ. Es beschreibt die Abnahme der Amplitude in einer Schwingkreisperiode $T = \frac{2\pi}{\Omega}$. Folglich ist das logarithmische Dekrement unabhängig von n:

$$\frac{Q_{n+1}}{Q_n} = e^{-\gamma T} \quad \text{bzw.} \quad \Lambda \equiv \ln\left(\frac{Q_n}{Q_{n+1}}\right) = \gamma\,T = \gamma\,\frac{2\pi}{\Omega} \tag{6.68}$$

6.6.3 Erzwungene *LCR*-Schwingung und Resonanzfall

Der *LCR*-**Schwingkreis** (Abb. 6.13) wird in Reihe geschaltet mit einem Sinusgenerator $U(t) = U_0 \cos \omega t$. Die homogene Differentialgleichung wird zur inhomogenen Differentialgleichung:

$$L\,\frac{d^2Q}{dt^2} + R\,\frac{dQ}{dt} + \frac{Q}{C} = U_0 \cos \omega t \tag{6.69}$$

Damit ist die Differentialgleichung für Q analog zu der einer erzwungenen mechanischen Schwingung. Nach dem Einschwingvorgang bleibt nur die spezielle Lösung der inhomogenen Differentialgleichung übrig, also die stationäre Schwingung mit Erregerfrequenz ω.

Der Ansatz $Q(t) = Q_1 \cos(\omega t - \varphi)$ liefert die gesuchte Lösung. Die Amplitude Q_1 folgt der aus der Mechanik bekannten Abhängigkeit von der Anregungsfrequenz:

$$Q_1 = \frac{U_0}{L}\,\frac{1}{\sqrt{(2\gamma\omega)^2 + (\omega^2 - \omega_0^2)^2}} \tag{6.70}$$

mit Dämpfungsfaktor $\gamma = \frac{R}{2L}$ und Eigenfrequenz der freien Schwingung $\omega_0^2 = \frac{1}{LC}$ (vgl. Abb. 6.15). Die Phasenverschiebung φ zwischen Anregung und Schwinger (vgl. Abb. 6.16) ergibt sich zu:

$$\tan \varphi = \frac{-2\gamma\omega}{\omega^2 - \omega_0^2} \tag{6.71}$$

$$\omega_0^2 = \frac{1}{LC} \tag{6.72}$$

Sowohl die Amplitude Q_1 als auch die Phasenverschiebung φ können als Funktion der Anregungsfrequenz ω betrachtet werden. Für $\omega \to 0$ liegt eine endliche Amplitude vor und die Schwingung ist in Phase mit dem Sinusgenerator ($\varphi = 0$). Für $\gamma \to 0$ und

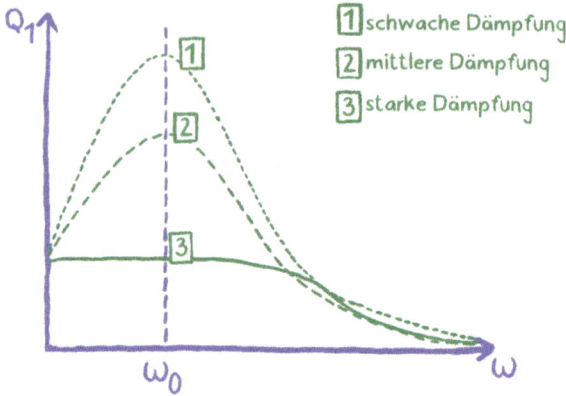

Abb. 6.15: Amplitude Q_1 der erzwungenen Schwingung als Funktion von ω für schwache (1), mittlere (2) und starke Dämpfung (3).

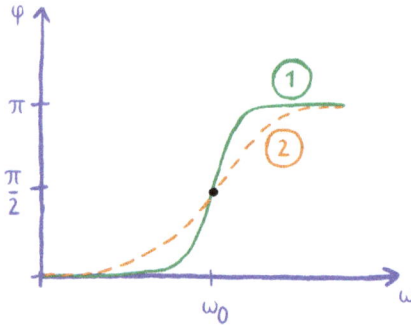

Abb. 6.16: Phasenverschiebung φ der erzwungenen Schwingung als Funktion von ω für schwache (1) und starke Dämpfung (2).

$\omega \to \omega_0$ kommt es zur **Resonanz**, d. h. zu einer unendlichen bzw. sehr hohen Amplitude ($Q_1 \sim \frac{1}{\gamma}$). Die Phasenverschiebung beträgt in diesem Fall $\pi/2$ bzw. 90°. Liegt eine leichte Dämpfung vor, so nimmt die Resonanzfrequenz ω_r und die Amplitude mit zunehmender Dämpfung ab (vgl. Abb. 6.15) und verschiebt sich gemäß:

$$\omega_r = \sqrt{\omega_0^2 - 2\gamma^2} \le \omega_0 \tag{6.73}$$

Bei einer sehr starken Dämpfung, d. h., $\gamma \ge \frac{\omega_0}{\sqrt{2}}$, kommt es zu keiner Resonanz (siehe Fall 3 in Abb. 6.15). Für $\omega \to \infty$ wird auch die Amplitude klein, d. h., $Q_1 \to 0$. Das System kann der Anregungsfrequenz nicht mehr folgen, sodass die Schwingung gegenphasig zum Sinusgenerator ist, $\varphi = \pi$. Es sei angemerkt, dass analog zur Mechanik auch elektromagnetische Schwingkreise gekoppelt werden können.

6.7 Transformator

Zur Änderung der Amplitude einer Wechselspannung mit fester Frequenz ω wird in der Elektrotechnik der **Transformator** als Bauelement eingesetzt. Er besteht aus mindestens zwei Spulen, die sich auf einem gemeinsamen Magnetkern befinden. Um Hystereseverluste gering zu halten, wird als Material für den Kern zumeist Weicheisen verwendet. Primärseitig wird eine Spule mit Windungszahl N_1 mit einem Wechselstrom $I = I_1$ und Wechselspannung U_1 betrieben. Das durch die periodische Änderung des Stroms hervorgerufene Magnetfeld im Kern induziert sekundärseitig in der Spule aufgrund der unterschiedlichen Windungszahl N_2 eine von U_1 verschiedene Wechselspannung U_2.

Primärseite: Spule mit Eisenkern und Ohm'schem Widerstand

An die Primärspule eines Transformators (Abb. 6.17) wird eine harmonische Wechselspannung $U_1 = U_{0,1}e^{i\omega t}$ angelegt. Diese befindet sich mit einem zusätzlichen Ohm'schen Widerstand R_1 (z. B. Wicklungswiderstand) in Reihenschaltung, sodass sich nach dem Maschensatz ergibt:

$$U_1 - L_1 \frac{dI_1}{dt} = I_1 R_1 \tag{6.74}$$

Dabei kann $U_i = -L_1 \frac{dI_1}{dt}$ der Spule entweder als aktive „Spannungsquelle" auf der linken Seite entgegenwirkend zur äußeren Wechselspannung oder als passives Bauelement bzw. Verbraucher ohne „-" auf der rechten Seite des Maschensatzes auftauchen. Der Ansatz $I_1 = I_{0,1}e^{i(\omega t - \varphi_{I_1})}$ liefert den komplexen Zusammenhang:

$$\frac{U_{0,1}}{I_{0,1}} e^{i\varphi_{I_1}} = R_1 + i\omega L_1 \tag{6.75}$$

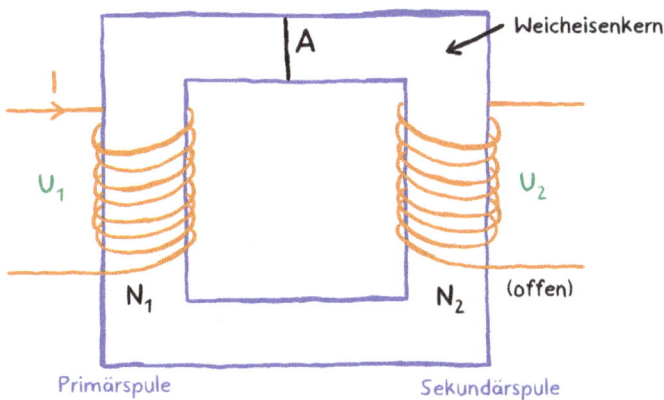

Abb. 6.17: Aufbau des Transformators mit Weicheisenkern der Querschnittsfläche A.

und damit für die Amplitude des Stromes $I_{0,1}$ bzw. den Phasenwinkel φ_{I_1}:

$$I_{0,1} = \frac{U_{0,1}}{\sqrt{R_1^2 + \omega^2 L_1^2}}, \quad \tan \varphi_{I_1} = \frac{\omega L_1}{R_1} \tag{6.76}$$

6.7.1 Idealer Transformator

Für den **idealen Transformator** gilt, dass es keine Verluste gibt: $R_1 = R_2 = 0$. Für ein solches rein induktives Verhalten beträgt die Phasenverschiebung $\varphi_{I_1} \approx \pi/2$, d. h., es existiert nur ein Blindstrom (oder auch Magnetisierungsstrom) $I_1(t)$, welcher einen phasengleichen Wechselfluss $\Phi(t)$ bedingt:

$$\dot{I}_1(t) \sim \dot{\vec{B}}(t) \sim \dot{\Phi}(t) \tag{6.77}$$

Fernerhin wird davon ausgegangen, dass das Magnetfeld auf das Innere des Weicheisenkerns ($\mu_r \gg 1$) beschränkt ist, d. h., es gibt kein Streufeld. Der magnetische Fluss pro Windung ist somit für die Primär- und Sekundärspule gleich: $\Phi_1 = \Phi_2 = \Phi$. Die **Selbstinduktivität** der Primärspule L_1 als auch der Sekundärspule L_2 beschreibt die Induktionswirkung der Spulen auf sich selbst:

$$L_1 = \mu_0 \mu_r A \frac{N_1^2}{l} = \frac{N_1 \Phi}{I_1}, \quad L_2 = \mu_0 \mu_r A \frac{N_2^2}{l} = \frac{N_2 \Phi}{I_2} \tag{6.78}$$

Die **Gegeninduktivität** oder auch **induktive Kopplung** L^* ist die Induktionswirkung einer Stromänderung auf einen benachbarten (gekoppelten) Stromkreis infolge einer Änderung des magnetischen Flussfeldes $\Phi(\vec{r}, t)$ im Raum (Herleitung analog Abschnitt 6.3). Für den idealen Transformator gilt:

$$L_{12} = L_{21} = \mu_0 \mu_r A \frac{N_1 N_2}{l} = \sqrt{L_1 L_2} = \frac{N_2 \Phi}{I_1} \equiv L^* \tag{6.79}$$

Leerlaufbetrieb

Im Leerlaufbetrieb fließt in der Sekundärspule kein Strom, d. h., der Sekundärstromkreis ist nicht geschlossen. Aufgrund der zeitlichen Flussänderung $\dot{\Phi}(t) = i\omega\Phi(t)$ werden in beiden Spulen die Spannungen U_1 und U_2 induziert:

$$U_1(t) = U_{0,1} e^{i\omega t} = L_1 \frac{dI_1}{dt} \tag{6.80}$$

$$U_2(t) = U_{0,2} e^{i\omega t + i\varphi_{U_2}} = -L^* \frac{dI_1}{dt} \tag{6.81}$$

Durch Umstellen der ersten Gleichung nach dI_1/dt und Einsetzen in die zweite Gleichung ergibt sich:

$$U_{0,2}e^{i\varphi_{U_2}} = -\frac{L^*}{L_1}U_{0,1} \tag{6.82}$$

Da $U_{0,1}$ und $U_{0,2}$ positiv sind, ist die Phasenverschiebung $\varphi_{U_2} = \pi$. Der Betrag des Spannungsverhältnisses lässt sich ausdrücken als:

$$\boxed{\frac{|U_2|}{|U_1|} = \frac{U_{0,2}}{U_{0,1}} = \frac{L^*}{L_1} = \frac{\sqrt{L_2}}{\sqrt{L_1}} = \frac{N_2}{N_1}} \tag{6.83}$$

Verbraucher auf der Sekundärseite

Durch den auf der Sekundärseite angeschlossenen Verbraucher fließt ein Strom I_2 (Abb. 6.18), welcher in Form von Gegeninduktion auf den Primärkreis rückwirkt. Es gibt somit eine zusätzlich induzierte Spannung im Primärkreis. Im Folgenden soll ein realer Transformator mit einem Verbraucher auf der Sekundärseite betrachtet werden.

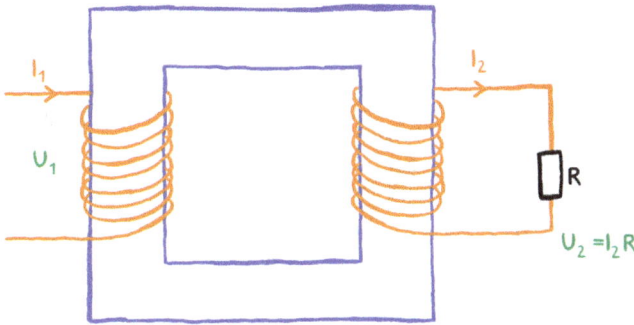

Abb. 6.18: Transformator mit Last R im Sekundärkreis.

6.7.2 Transformatorgleichungen des realen Transformators

Um einen realen Transformator zu beschreiben, wird ein Kopplungsfaktor k eingeführt, welcher die Kopplung der beiden Spulen berücksichtigt. Während für den idealen Transformator gilt, dass $k = 1$ ist, gilt für reale Transformatoren stets $k < 1$. Eine alternative Beschreibung zum Kopplungsfaktor ist die Verlustangabe durch den Streufaktor σ. Für den idealen Transformator ist $\sigma = 0$ und für reale Transformatoren gilt, dass $\sigma > 0$. Die Größen sind wie folgt mit den Induktivitäten verknüpft:

$$L^* = k\sqrt{L_1 L_2} < \sqrt{L_1 L_2} \tag{6.84}$$

$$\sigma = 1 - \frac{L^{*2}}{L_1 L_2} = 1 - k^2 \tag{6.85}$$

Für einen realen Transformator mit einem angeschlossenen Ohm'schen Widerstand R an der Sekundärseite soll das Strom- und Spannungsverhältnis hergeleitet werden. Zunächst lässt sich die Maschenregel auf den Primär- und Sekundärkreis anwenden (komplexe Größen):

Primärkreis $\qquad\qquad U_1 - i\omega L_1 I_1 - i\omega L_{12} I_2 = 0$ (6.86)

Sekundärkreis $\qquad\qquad -i\omega L_2 I_2 - i\omega L_{21} I_1 = I_2 R$ (6.87)

Aus der zweiten Gleichung folgt nach Umformung direkt das Stromverhältnis:

$$I_2(R + i\omega L_2) = -i\omega L^* I_1 \tag{6.88}$$

$$\frac{I_2}{I_1} = -\frac{i\omega L^*}{R + i\omega L_2} \tag{6.89}$$

Das Stromverhältnis kann nach I_1 umgestellt und in die Gleichungen (6.86) und (6.87) eingesetzt werden. In einem zweiten Schritt werden beide Gleichungen nach U_1 und U_2 aufgelöst und man erhält die Gleichungen (6.92) und (6.93):

$$0 = U_1 - i\omega L_1\left(-\frac{R + i\omega L_2}{i\omega L^*} I_2\right) - i\omega L^* I_2 \tag{6.90}$$

$$U_2 = -i\omega L_2 I_2 - i\omega L^*\left(-\frac{R + i\omega L_2}{i\omega L^*} I_2\right) \tag{6.91}$$

$$U_1 = I_2\left(-R\frac{L_1}{L^*} + i\omega\left(-\frac{L_1 L_2}{L^*} + L^*\right)\right) \tag{6.92}$$

$$U_2 = I_2 R \tag{6.93}$$

Dividiert man Gleichung (6.93) durch Gleichung (6.92), ergibt sich für das Spannungsverhältnis:

$$\frac{U_2}{U_1} = \frac{RL^*}{-RL_1 + i\omega(L^{*2} - L_1 L_2)} \tag{6.94}$$

Für die Beträge kann man bei idealer Kopplung ($k = 1$) die folgenden Verhältnisse für Strom und Spannung ableiten:

$$\frac{|I_2|}{|I_1|} = \frac{\omega L^*}{\sqrt{R^2 + \omega^2 L_2^2}} \tag{6.95}$$

$$\frac{|U_2|}{|U_1|} = \frac{RL^*}{RL_1} = \frac{N_1 N_2}{N_1^2} = \frac{N_2}{N_1} \tag{6.96}$$

Spezialfälle ergeben sich im Leerlauf ($R \rightarrow \infty$):

$$|I_2| = 0, \quad \frac{|U_2|}{|U_1|} = \frac{N_2}{N_1} \tag{6.97}$$

und für den Kurzschluss ($R \rightarrow 0$):

$$\frac{|I_2|}{|I_1|} = \frac{L^*}{L_2} = \frac{N_1 N_2}{N_2^2} = \frac{N_1}{N_2} \tag{6.98}$$

Anzumerken ist, dass für einen Verbraucher mit komplexem Widerstand die entsprechenden Gleichungen durch Ersetzen des Ohm'schen Widerstands R mit der Impedanz Z in den obigen Formeln folgen. Ferner gilt für die mittlere Leistung $\overline{P}_1 = \overline{P}_2$ und $L^* < \sqrt{L_1 L_2}$ auch für $R \rightarrow Z$. Verluste werden in der Leistungsübertragung u. a. verursacht durch Wirbelströme und Ohm'sche Wickelwiderstände in den Spulen. Der Wirkungsgrad erreicht bei realen Transformatoren Werte von ca. 90 ... 95 %.

6.8 Maxwell-Gleichungen

Die vier **Maxwell-Gleichungen** (Gl. (6.100) bis Gl. (6.103)) verknüpfen elektrische und magnetische Felder über ein geschlossenes System von linearen partiellen Differentialgleichungen erster Ordnung. Zunächst werden sie in ihrer bisher gebrauchten integralen Form zusammengefasst (Abschnitt 6.8.1) und danach für besonders interessierte Leser auch in der kompakteren differentiellen Form beschrieben (Abschnitt 6.8.2).

6.8.1 Integrale Form

Durchflutungsgesetz:

$$\oint_{\partial A} \vec{H} \, d\vec{s} = \iint_A (\vec{j} \cdot \quad) \, d\vec{A} \tag{6.99}$$

Das Durchflutungsgesetz (zunächst noch mit einer Lücke im Integral in der bisherigen Formulierung) wurde bereits in Abschnitt 5.1 behandelt. Es besagt, dass das Integral der magnetischen Feldstärke entlang einer geschlossenen Umlauflinie gleich dem gesamten elektrischen Strom ist, der durch die eingeschlossene Fläche der Umlauflinie hindurchfließt. Dies führt jedoch beim Ladevorgang eines Kondensators zu einem Widerspruch. Der Rand ∂A wird so gewählt, dass er den Leiter umschließt (Abb. 6.19). Die Fläche ist nun frei wählbar. Es werden nun zwei verschiedene Flächen A und A' betrachtet. Die Fläche A werde von dem Leiter durchstoßen, wobei A' weder vom Leiter noch einem Teil der Platten durchstoßen werde, d. h., A' verläuft gerade zwischen den beiden Platten des Kondensators (vgl. Abb. 6.19). Da der Rand unverändert bleibt, d. h., $\partial A = \partial A'$,

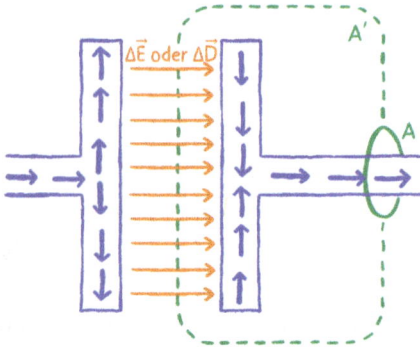

Abb. 6.19: Die verschiedenen Werte des Flächenintegrals der Stromdichte über den Flächen A und A' im ursprünglichen Durchflutungsgesetz bei gleichem Rand ∂A führen zum Widerspruch.

und damit die linke Seite des Durchflutungsgesetzes konstant ist, sollte die rechtes Seite ebenso einen konstanten Wert haben. Das ist jedoch nicht der Fall, da nur durch die Fläche A ein Strom I fließt. Folglich ist die ursprüngliche Form des Durchflutungsgesetzes (Gleichung (5.1)) nicht konsistent:

Fläche A: $\qquad \oint_{\partial A} \vec{H}\, d\vec{s} = I$

Fläche A': $\qquad \oint_{\partial A} \vec{H}\, d\vec{s} = 0$

Maxwell löst das Problem, indem er den **Verschiebungsstrom** $\iint_A \frac{\partial}{\partial t}\vec{D}\, d\vec{A}$ einführt. Die anderen drei Gesetze waren schon vor Maxwell in ihrer heutigen Form bekannt, doch durch die Vervollständigung des Durchflutungsgesetzes werden die Gleichungen ein in sich geschlossenes und eichinvariantes (d. h. konstant gegenüber Eichtransformationen) Differentialgleichungssystem zur Bestimmung der elektromagnetischen Felder:

$$\oint_{\partial A} \vec{H}\, d\vec{s} = \iint_A \left(\underbrace{\vec{j}^{\,\mathrm{frei}} + \frac{\partial}{\partial t}\vec{D}}_{\substack{\text{Maxwells} \\ \text{Leistung}}} \right) d\vec{A} \qquad (6.100)$$

Induktionsgesetz:

$$\oint \vec{E}\, d\vec{s} = -\frac{d}{dt} \iint \vec{B}\, d\vec{A} \qquad (6.101)$$

Quellen der Felder:

$$\oiint_{\partial V} \vec{D}\, d\vec{A} = Q^{\mathrm{frei}} \qquad (6.102)$$

$$\oiint_{\partial V} \vec{B}\, d\vec{A} = 0 \qquad (6.103)$$

Materialeinfluss:

$$\vec{D} = \varepsilon_0\varepsilon_r\vec{E}, \quad \vec{B} = \mu_0\mu_r\vec{H} \tag{6.104}$$
$$\vec{D} = \varepsilon_0\vec{E} + \vec{P}, \quad \vec{B} = \mu_0(\vec{H} + \vec{M}) \tag{6.105}$$

Kräftegleichung:

$$\vec{F} = q(\vec{E} + \vec{v} \times \vec{B}) \tag{6.106}$$

In Worten kann man die vier Gesetze wie folgt zusammenfassen:

– Durchflutungsgesetz:
  Jede freie elektrische Stromdichte $\vec{j}$ (ohne gebundene Ströme im Material) und jedes sich zeitlich ändernde elektrische Verschiebungsfeld $\vec{D}$ erzeugen, wie in Abb. 6.20 gezeigt, ein magnetisches Wirbelfeld (nun mit Maxwell'scher Ergänzung des Verschiebungsstroms).

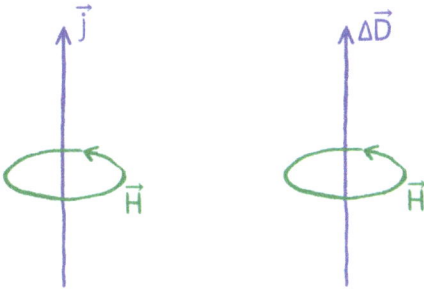

Abb. 6.20: Beiträge des Durchflutungsgesetzes.

– Induktionsgesetz:
  Jedes sich zeitlich ändernde magnetische Feld $\vec{B}$ erzeugt, wie in und Abb. 6.21 gezeigt, ein elektrisches Wirbelfeld $\vec{E}$.

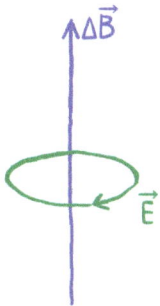

Abb. 6.21: Beitrag zum Induktionsgesetz.

– Die Feldlinien der elektrischen Verschiebung $\vec{D}$ beginnen an positiven (Quellen) und enden an negativen freien Ladungen (Senken). Die Quellen für $\vec{E}$ sind gegeben durch $\oiint_{\partial V} \vec{E}\, d\vec{A} = Q^{\text{frei}} + Q^{\text{geb}}$.

– Die Feldlinien der magnetischen Induktion $\vec{B}$ sind in sich geschlossene Linien (keine magnetischen Monopole).

Helmholtz'scher Hauptsatz über Vektorfelder
(Fundamentalsatz der Vektoranalysis)
Jedes Vektorfeld ist zerlegbar in ein wirbelfreies Quellenfeld und ein quellenfreies Wirbelfeld.

Damit liefert Maxwell vier Gleichungen, zwei für das $\vec{E}$-Feld und zwei für das $\vec{B}$-Feld, jeweils für die Quellen und die Wirbelanteile. Zudem lässt sich ein rotationsfreies Vektorfeld immer durch ein skalares Potential $\Phi(\vec{r})$ darstellen, und ein divergenzfreies Vektorfeld durch ein Vektorpotential $\vec{A}(\vec{r})$. Mit den vier Maxwell-Gleichungen ((6.100)...(6.103)), den zwei Materialgleichungen ((6.104)...(6.105)) und dem Kraftgesetz (6.106) sind alle physikalischen Phänomene der klassischen Elektrodynamik vollständig beschrieben.

6.8.2 Differentielle Form

Einschub Vektoranalysis
Der nachfolgende Abschnitt dient zur eigenständigen Vertiefung und als mathematisches Handwerkzeug für besonders Interessierte:

$\vec{\nabla}$ Nabla-Operator:

$$\vec{\nabla} = \frac{\partial}{\partial x}\, \vec{e}_x + \frac{\partial}{\partial y}\, \vec{e}_y + \frac{\partial}{\partial z}\, \vec{e}_z \tag{6.107}$$

$$= \frac{\partial}{\partial x_i}\, \vec{e}_{x_i} = \frac{\partial}{\partial \vec{r}}\, \vec{e}_r \tag{6.108}$$

- $\vec{\nabla} \cdot \varphi(\vec{r})$ $\Rightarrow$ auch „grad": Gradient, Größe und Richtung des Anstieges von $\varphi(\vec{r})$
  Skalarfeld $\to$ Vektorfeld
- $\vec{\nabla} \cdot \vec{E}(\vec{r})$ $\Rightarrow$ auch „div": Divergenz (Quellen und Senken)
  Vektorfeld $\to$ Skalarfeld
- $\vec{\nabla} \times \vec{E}(\vec{r})$ $\Rightarrow$ auch „rot": Rotation (Wirbel)
  Vektorfeld $\to$ Vektorfeld

Beziehungen der zweiten Ableitungen:

$$\vec{\nabla} \times \vec{\nabla}\varphi = 0 \tag{6.109}$$

$$\vec{\nabla}\,(\vec{\nabla} \times \vec{F}) = 0 \tag{6.110}$$

$$\vec{\nabla} \times (\vec{\nabla} \times \vec{F}) = \vec{\nabla}\,(\vec{\nabla}\,\vec{F}) - \Delta\vec{F} \tag{6.111}$$

$$\text{mit} \quad \Delta = \frac{\partial^2}{\partial x^2} + \frac{\partial^2}{\partial y^2} + \frac{\partial^2}{\partial z^2} \tag{6.112}$$

Gradientenfelder sind wirbelfrei, Wirbelfelder sind quellenfrei. Diese Beziehungen gelten allgemein für beliebige Vektorfelder $\vec{F}$.

Anhand der im Einschub Vektoranalysis angegebenen Zusammenhänge lässt sich die bisher integrale Darstellung des Quellenfeldes:

$$\oint_{\partial V} \vec{D}\, d\vec{A} = Q^{\text{frei}} \tag{6.113}$$

mithilfe des allgemeinen Gauß'schen Satzes:

$$\oint_{\partial V} \vec{F}\, d\vec{A} = \iiint_V \operatorname{div} \vec{F}\, dV \tag{6.114}$$

und der Einführung einer freien Ladungsträgerdichte ϱ^{frei} mit:

$$Q^{\text{frei}} = \iiint_V \varrho^{\text{frei}}\, dV \tag{6.115}$$

in die differentielle Darstellung lokal am Ort $\vec{r}$ umschreiben (Maxwell I und II):

$$
\begin{aligned}
\operatorname{div} \vec{D} &= \varrho^{\text{frei}} \\
\operatorname{div} \vec{B} &= 0
\end{aligned}
\quad \text{oder} \quad
\begin{aligned}
\vec{\nabla}\vec{D} &= \varrho^{\text{frei}} \\
\vec{\nabla}\vec{B} &= 0
\end{aligned}
\tag{6.116}$$

Ebenso lässt sich das Induktions- und Durchflutungsgesetz unter Berücksichtigung des allgemeinen Satzes von Stokes:

$$\oint_{\partial A} \vec{F}\, d\vec{s} = \iint \operatorname{rot} \vec{F}\, d\vec{A} \tag{6.117}$$

in die differentielle Form überführen. Aus der integralen Darstellung des Wirbelfeldes:

$$\oint_{\partial A} \vec{E}\, d\vec{s} = -\frac{d}{dt} \iint \vec{B}\, d\vec{A} \tag{6.118}$$

wird die differentielle Darstellung lokal am Ort $\vec{r}$ (Maxwell III und IV):

$$
\begin{aligned}
\operatorname{rot} \vec{E} &= -\frac{\partial}{\partial t} \vec{B} \\
\operatorname{rot} \vec{H} &= \vec{j}^{\text{frei}} + \frac{\partial}{\partial t} \vec{D}
\end{aligned}
\quad \text{oder} \quad
\begin{aligned}
\vec{\nabla} \times \vec{E} &= -\frac{\partial}{\partial t} \vec{B} \\
\vec{\nabla} \times \vec{H} &= \vec{j}^{\text{frei}} + \frac{\partial}{\partial t} \vec{D}
\end{aligned}
\tag{6.119}$$

6.8.3 Wellengleichung

Eine grundlegende Frage ist, ob unter der Annahme, dass es lokal keine freien Ladungen und keine freien Ströme gibt, dennoch elektromagnetische Felder existieren können? Betrachtet man in diesem Fall die Maxwell-Gleichungen (Gl. (6.116) und Gl. (6.119)), so vereinfachen sie sich zu:

$$\vec{\nabla}\vec{E} = 0 \tag{6.120}$$

$$\vec{\nabla}\vec{B} = 0 \tag{6.121}$$

$$\vec{\nabla} \times \vec{E} = -\frac{\partial}{\partial t}\vec{B} \tag{6.122}$$

$$\frac{1}{\mu_0\mu_r}\vec{\nabla} \times \vec{B} = \epsilon_0\epsilon_r\frac{\partial}{\partial t}\vec{E} \tag{6.123}$$

Wir untersuchen nun das lokale Wirbelfeld der zeitlichen Änderung des Magnetfeldes $\vec{\nabla} \times \dot{\vec{B}}$ nach Maxwell III, siehe Gl. (6.122). Auf der rechten Seite der Gleichung dürfen wir die partiellen Ableitungen nach Ort und Zeit ($\frac{\partial}{\partial t}$ und $\vec{\nabla}$) vertauschen. Auf der linken Seite wenden wir an, dass $\vec{\nabla} \times (\vec{\nabla} \times \vec{F}) = \vec{\nabla}(\vec{\nabla}\vec{F}) - \Delta\vec{F}$ (Gl. (6.111)) gilt:

$$\vec{\nabla} \times (\vec{\nabla} \times \vec{E}) = \vec{\nabla} \times \left(-\frac{\partial}{\partial t}\vec{B}\right) \tag{6.124}$$

$$\vec{\nabla}\underbrace{(\vec{\nabla}\vec{E})}_{=0} - \Delta\vec{E} = -\frac{\partial}{\partial t}(\vec{\nabla} \times \vec{B}) \tag{6.125}$$

$$-\Delta\vec{E} = -\frac{\partial}{\partial t}\left(\epsilon_0\epsilon_r\mu_0\mu_r\frac{\partial}{\partial t}\vec{E}\right) = -\frac{1}{c^2}\frac{\partial^2}{\partial t^2}\vec{E} \tag{6.126}$$

Eine analoge Betrachtung von $\vec{\nabla} \times \dot{\vec{E}}$ nach Maxwell IV und das Einsetzen von Maxwell III ergibt eine äquivalente Beziehung der zweiten Orts- und Zeitableitungen für das $\vec{B}$-Feld. Somit erhalten wir die **elektromagnetischen Wellengleichungen** mit materialspezifischer Ausbreitungsgeschwindigkeit $c = \frac{1}{\sqrt{\epsilon_0\epsilon_r\mu_0\mu_r}}$ und alle damit verbundenen Phänomene analog zur Mechanik (vgl. Band *Mechanik*, Kapitel 12). Lösungen sind wieder ebene Wellen $\vec{E}(\vec{r}, t) = \vec{E}_0 e^{i(\vec{k}\vec{r} - \omega t)}$ und $\vec{B}(\vec{r}, t) = \vec{B}_0 e^{i(\vec{k}\vec{r} - \omega t)}$. Diesmal oszillieren die elektromagnetischen Felder $\vec{E}$ und $\vec{B}$ in Raum und Zeit:

$$\left[\Delta - \frac{1}{c^2}\frac{\partial^2}{\partial t^2}\right]\vec{E} = 0 \tag{6.127}$$

$$\left[\Delta - \frac{1}{c^2}\frac{\partial^2}{\partial t^2}\right]\vec{B} = 0 \tag{6.128}$$

Elektromagnetische Induktion

Induzierte Spannung/Spule	$U_{\text{ind}} = -\dfrac{d\Phi}{dt}, \quad U_{\text{ind}} = -N\dfrac{d\Phi}{dt}$
Induktion im bewegten Leiter	$\vec{E}_{\text{ind}} = \vec{v} \times \vec{B}, \quad U_{\text{ind}} = (\vec{v} \times \vec{B})\,\vec{l}\,(= vBl)$
Selbstinduktion lange Spule	$L = \dfrac{N\Phi}{I} = \dfrac{\mu_0\mu_{\text{r}}N^2A}{l}, \quad U_{\text{ind}} = -L\dfrac{dI}{dt}$
Gegeninduktivität	$L^* = \dfrac{N_2\Phi_2}{I_1} = \dfrac{N_1\Phi_1}{I_2}$
Gegeninduktion	$U_{\text{ind},1} = -L^*\dfrac{dI_2}{dt}, \quad U_{\text{ind},2} = -L^*\dfrac{dI_1}{dt}$
Transformator	$\dfrac{U_1}{N_1} = \dfrac{U_2}{N_2}$
Energie/-dichte Magnetfeld	$W_m = \dfrac{1}{2}LI^2, \quad w_m = \dfrac{B^2}{2\mu_0\mu_{\text{r}}} = \dfrac{1}{2}HB$

Wechselstromkreis

Stromstärke/Spannung	$I = I_m\sin\omega t, \quad U = U_m\sin(\omega t + \varphi)$
Effektivwerte	$I_{\text{eff}} = \dfrac{I_m}{\sqrt{2}}, \quad U_{\text{eff}} = \dfrac{U_m}{\sqrt{2}}$
Erweitertes Ohm'sches Gesetz	$Z = \dfrac{U}{I}, \quad |Z| = \dfrac{U_{\text{eff}}}{I_{\text{eff}}} = \dfrac{U_m}{I_m}$
Schein-/Wirk-/Blindleistung	$P_S = U_{\text{eff}}I_{\text{eff}}, \quad P_W = P_S\cos\varphi, \quad P_B = P_S\sin\varphi$
Blindwiderstand induktiv/kapazitiv	$X_{\text{L}} = \omega L, \quad X_{\text{C}} = \dfrac{1}{\omega C}$

Elektrischer Schwingkreis

Impedanz RLC-Reihenschaltung	$Z = \sqrt{R^2 + \left(\omega L - \dfrac{1}{\omega C}\right)^2}, \quad \tan\varphi = \dfrac{\omega L - \frac{1}{\omega C}}{R}$
Impedanz RLC-Parallelschaltung	$\dfrac{1}{Z} = \sqrt{\dfrac{1}{R^2} + \left(\omega C - \dfrac{1}{\omega L}\right)^2}, \quad \tan\varphi = \dfrac{\frac{1}{\omega L} - \omega C}{R^{-1}}$
Eigenfrequenz/Periodendauer	$\omega_0 = \dfrac{1}{\sqrt{LC}}, \quad T_0 = 2\pi\sqrt{LC}$

Maxwell'sche Gleichungen

Gauß'sches Gesetz	$\vec{\nabla}\vec{D} = \varrho^{\text{frei}}, \quad \oiint \vec{D}\,d\vec{A} = Q^{\text{frei}}$
Gauß'sches Gesetz Magnetfeld	$\vec{\nabla}\vec{B} = 0, \quad \oiint \vec{B}\,d\vec{A} = 0$
Faraday'sches Induktionsgesetz	$\vec{\nabla}\times\vec{E} = -\dfrac{\partial\vec{B}}{\partial t}, \quad \oint \vec{E}\,d\vec{r} = -\dfrac{d}{dt}\int \vec{B}\,d\vec{A}$
Durchflutungsgesetz	$\vec{\nabla}\times\vec{H} = \vec{j} + \dfrac{\partial\vec{D}}{\partial t}, \quad \oint \vec{H}\,d\vec{r} = I + \dfrac{d}{dt}\int \vec{D}\,d\vec{A}$

Teil II: **Phänomenologische Thermodynamik**

7 Temperatur und Wärmemenge

https://doi.org/10.1515/9783111331577-009

7.1 Temperatur und thermische Ausdehnung

7.1.1 Temperaturskalen

Temperatur

Die **Temperatur** T bzw. ϑ ist eine der zentralen Größen der Thermodynamik. Sie ist ein Maß für den Wärmezustand eines Systems und stets eine makroskopische Eigenschaft eines Vielteilchensystems.

$$[T] = 1\,\text{K} \quad (\text{Kelvin})$$
$$[\vartheta] = 1\,°\text{C} \quad (\text{Celsius})$$

Auf mikroskopischer Ebene, d. h. anhand der Bewegung eines einzelnen Teilchens, kann keine Temperatur definiert werden. Aus der Gesamtheit der Bewegung aller Teilchen eines Systems hingegen lässt sich über deren durchschnittliche kinetische Energie die Temperatur herleiten (später Maxwell-Boltzmann-Verteilung).

Zur **Temperaturmessung** und für die Festlegung entsprechender Messskalen, können alltägliche Erfahrungen ausgenutzt werden. Zum einen findet zwischen zwei Körpern, die unterschiedliche Ausgangstemperaturen aufweisen und miteinander in Kontakt gebracht werden, solange ein Temperaturausgleich statt, bis beide Körper die identische Temperatur aufweisen (**thermisches Gleichgewicht**). Zum anderen ist eine Vielzahl von Eigenschaften mitunter stark temperaturabhängig. Dies bedingt beispielsweise die Funktion von Flüssigkeits- und Gasthermometern, welche auf dem Prinzip der thermischen Ausdehnung von Flüssigkeiten bzw. Gasen beruhen. Eine Temperaturskala kann durch die Wahl geeigneter Fundamentalpunkte eindeutig festgelegt werden. Unser biophysiologisches Leben ordnet sich durch die Wahl von Kleidung oder auch das Aufsuchen eines Schattens in den Bereich von ca. $0 \ldots 40\,°\text{C}$ ein.

Die auf Anders Celsius zurückgehende Temperaturskala aus dem Jahr 1742, die sogenannte **Celsius-Skala**, nutzt zwei Fundamentalpunkte von reinem Wasser bei einem Luftdruck von 101,3 kPa (das ist der Luftdruck von ca. $1\,\text{bar} = 1 \times 10^5\,\text{Pa} \approx 1\,\text{kg}\,\text{cm}^{-2}$, den man auf Meereshöhe aufgrund der auflastenden Masse von Luftmolekülen empfindet) aus:

– Gefrierpunkt (H_2O): 0 °C
– Siedepunkt (H_2O): 100 °C

Die Wahl dieser beiden Fundamentalpunkte ist grundsätzlich willkürlich aber praktikabel, da sich das Temperaturmaß in einem einfachen Experiment nachstellen lässt, wie Abb. 7.1 illustriert. Dabei wird die Füllstandshöhe eines Gefäßes in Eiswasser sowie in siedendem Wasser markiert und diese in 100 gleiche Teile unterteilt. Ein Teil entspricht folglich gerade einem Grad Celsius (1 °C).

Die Definition der Celsius-Skala ist einfach und gut nachvollziehbar, weist jedoch Probleme hinsichtlich der Genauigkeit auf. Insbesondere ist die Siedetemperatur stark

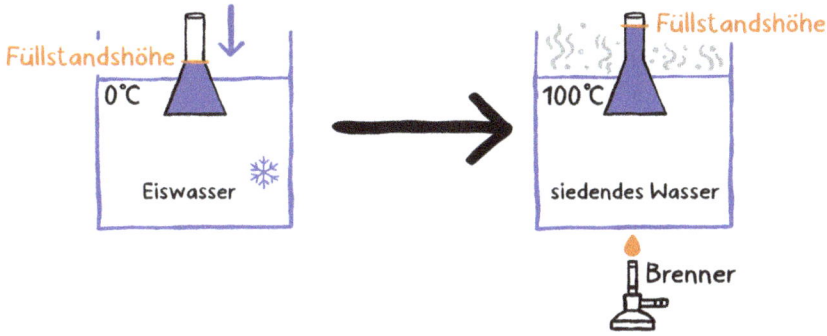

Abb. 7.1: Konstruktion eines einfachen Thermometers gemäß der Celsius-Skala.

vom Luftdruck abhängig. Es kann nachgewiesen werden, dass ein absoluter Nullpunkt, d. h. eine tiefstmögliche Temperatur (−273,15 °C), existiert, jedoch nicht erreicht werden kann. Dies führte zur Festlegung einer absoluten Temperaturskala, der von Lord Kelvin im Jahr 1848 vorgeschlagenen **Kelvin-Skala**, welche ebenso auf zwei Fundamentalpunkte zurückgeht:
- absoluter Nullpunkt: 0 K
- Tripelpunkt (H_2O): 273,16 K

Am **Tripelpunkt** von Wasser befinden sich die drei Phasen bzw. Aggregatzustände – gasförmig (Wasserdampf), flüssig (Wasser) und fest (Eis) – im Gleichgewicht (Abb. 7.2). Für den Tripelpunkt von reinem Wasser sind sowohl der Druck mit 613 Pa ≈ 0,006 bar als auch die Temperatur mit 0,01 °C eindeutig definiert. Der Tripelpunkt wurde auf 273,16 K festgelegt, sodass die Temperaturdifferenzen der Kelvin-Skala zu denen der

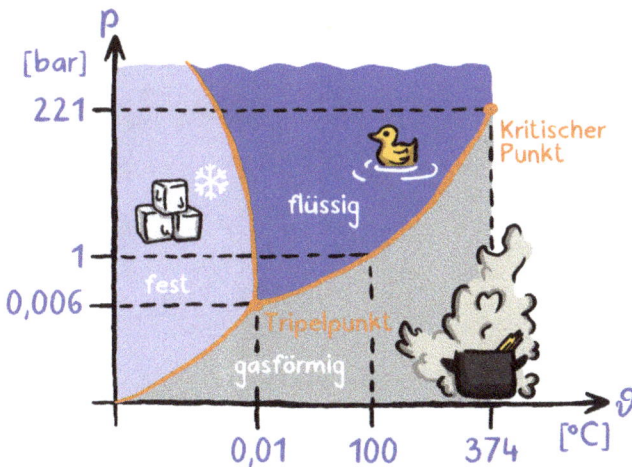

Abb. 7.2: Zustandsdiagramm von Wasser (H_2O). Ab dem kritischen Punkt sind flüssige und gasförmige Phase in ihren Eigenschaften nicht mehr unterscheidbar.

Celsius-Skala identisch sind. Die beiden Temperaturskalen sind somit lediglich um 273,15 K gegeneinander verschoben. Temperaturdifferenzen werden in der Physik stets in Kelvin angegeben, zum Beispiel:

$$\Delta\vartheta = 40\,°C - 30\,°C = 10\,K \tag{7.1}$$

Die thermodynamischen Zustandsgleichungen enthalten immer die Kelvin-Temperatur.

> **Kelvin**
>
> Das **Kelvin** K ist die SI-Einheit der thermodynamischen Temperatur. Es ist über die Boltzmann-Konstante $k_B = 1{,}380\,649 \cdot 10^{-23}\,kg\,m^2\,s^{-2}\,K^{-1}$ festgelegt. Ein Kelvin entspricht einer Änderung der **thermischen Energie** $k_B T$ um $1{,}380\,649 \cdot 10^{-23}\,J$.

Viele dynamische Vorgänge werden durch die Größe $k_B T$ bestimmt. In der Chemie wird sie zur Beschreibung von Reaktionsbarrieren verwendet, in der Halbleiterphysik dient sie zur Abschätzung von Ladungsträgerkonzentrationen.

7.1.2 Ausdehnung fester, flüssiger und gasförmiger Körper

Thermische Ausdehnung von Flüssigkeiten und Gasen

Oft kann für Flüssigkeiten und Gase ein linearer Zusammenhang zwischen der Temperatur und der Dichte angenommen werden. Über größere Temperaturbereiche werden hiervon Abweichungen festgestellt. Wasser weist beispielsweise eine Dichteanomalie auf. Wie Abb. 7.3 zeigt, hat Wasser bei einer Temperatur von 4 °C unter Normaldruck die größte Dichte. Dies führt unter anderem auch dazu, dass ein Teich von oben nach unten zufriert und Fische so den Winter gut überstehen. Zudem ist zu beachten, dass sich durch Phasenumwandlungen auch die Ausdehnungseigenschaften bzw. Dichten des Stoffes ändern, so ist z. B. flüssiges H_2O wesentlich dichter als Eis.

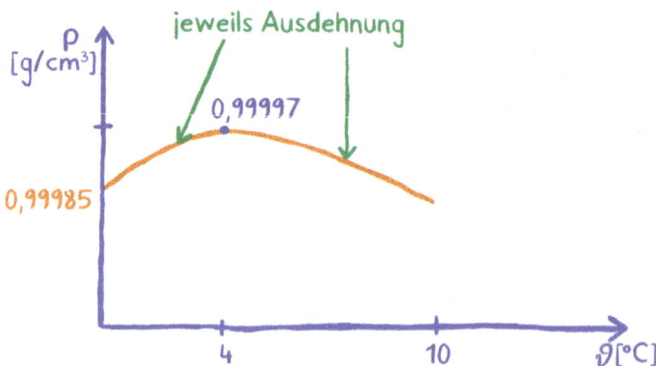

Abb. 7.3: Dichteanomalie des Wassers. Bei einer Temperatur von 4 °C hat Wasser die höchste Dichte mit 0,99997(4950) g cm^{-3}.

Beispiel. *Volumenausdehnung von Wasser*

Da Flüssigkeiten keine feste Gestalt haben, wird in der Regel auf die Volumenausdehnung (vgl. Gl. (7.3)) Bezug genommen:

– $\gamma_{H_2O} = 0{,}2064 \cdot 10^{-3}\,\mathrm{K}^{-1}$ (flüssig, bei $\vartheta = 20\,°\mathrm{C}$)

Thermische Ausdehnung fester Körper

Bei festen Körpern kann für viele technische Anwendungen näherungsweise von einem proportionalen Ausdehnungsverhalten zur Temperatur ausgegangen werden. Hierfür werden ein linearer Ausdehnungskoeffizient bzw. ein Volumenausdehnungskoeffizient als Materialparameter eingeführt. Die Koeffizienten sind, mit wenigen Ausnahmen, größer als null, d. h. Stoffe dehnen sich bei zunehmender Temperatur aus. Es gibt jedoch auch Stoffe mit negativen Ausdehnungskoeffizienten, wie beispielsweise Gummi und einige Kunststoffe.

Lineare Temperaturausdehnung

Linearer Ausdehnungskoeffizient $\alpha(T)$ und **Volumenausdehnungskoeffizient** $\gamma(T)$ geben an, um welche Längendifferenz Δl bzw. Volumendifferenz ΔV im Verhältnis zur Gesamtlänge l bzw. Gesamtvolumen V sich ein fester Körper bei einer Temperaturerhöhung von einem Kelvin ausdehnt.

$$\frac{\Delta l}{l} = \alpha\,\Delta T \tag{7.2}$$

$$\frac{\Delta V}{V} = \gamma\,\Delta T, \quad \gamma \approx 3\,\alpha \tag{7.3}$$

$$[\alpha] = [\gamma] = 1\,\mathrm{K}^{-1}$$

Beispiel. *Lineare Ausdehnungskoeffizienten für Längenänderungen von Metallen*

– $\alpha_{Stahl} = 11 \times 10^{-6}\,\mathrm{K}^{-1}$
– $\alpha_{Messing} = 18 \times 10^{-6}\,\mathrm{K}^{-1}$

Bei Temperaturänderungen können die auftretenden mechanischen Spannungen sehr hohe Werte annehmen, was zur Zerstörung von Konstruktionen führen kann. Durch geeignete Pufferzonen, z. B. Dehnungsfugen in Brückenkonstruktionen oder bei mittlerer Temperatur durchhängende Freileitungen, kann dies praktisch verhindert werden.

7.2 Wärmemenge und Wärmekapazität

Wärmemenge

Die **Wärmemenge** Q ist die Energie, die aufgrund eines Temperaturunterschiedes zwischen zwei Systemen übertragen wird.

$$[Q] = 1\,\mathrm{J}$$

Die Wärmemenge ist eine Energieform, wie wir sie z. B. vom Billardspiel aus der klassischen Mechanik kennen. Findet ein Wärmeaustausch zwischen zwei Systemen statt (Kapitel 8), so ändern sich deren Temperaturen, solange kein **Phasenübergang 1. Art** (siehe unten) erfolgt. Sofern keine anderen Energieformen zu berücksichtigen sind, entspricht die vom System mit der höheren Temperatur abgegebene Wärmemenge Q_{ab} jener Wärmemenge Q_{auf}, die das System mit niedriger Temperatur aufnimmt:

$$\sum Q_{auf} = \sum Q_{ab} \quad \textbf{Energieerhaltungssatz} \tag{7.4}$$

Im Falle eines Phasenübergangs 1. Art (u. a. sind das alle Aggregatzustandsänderungen) stagniert die Temperatur und die zu- oder abgeführte Wärmemenge wird zur **Phasenumwandlung** verwendet. Für Phasenübergänge 2. Art, z. B. bei magnetischen Phasenumwandlungen, tritt diese Wärme nicht auf.

Wärmekapazität

Die **Wärmekapazität** C eines Körpers ist das Verhältnis aus ihm zugeführter Wärme Q und resultierender Temperaturänderung ΔT.

$$Q = C\,\Delta T \tag{7.5}$$

$$[C] = 1\,\mathrm{J\,K^{-1}}$$

Beispiel. Die Wärmekapazität kann für ein Gefäß als Gesamtsystem bemessen werden. Dabei kann das System aus unterschiedlichen Komponenten bestehen und neben dem Gefäß sowohl in ihm befindliche Flüssigkeit als auch Festkörper (z. B. Metallquader, Eiswürfel etc.) enthalten.

Experimentell wird beobachtet, dass die ausgetauschte Wärmemenge Q bzw. die Wärmekapazität von Körpern materialabhängig sowie proportional zur Masse m der Systeme ist, sodass sich C stoffspezifisch bemessen lässt. Spezifische (Masse) oder auf Raumdimensionen (Volumen, Flächeninhalt, Länge) bezogene Größen werden in der Physik in der Regel mit den entsprechenden kleinen Buchstaben der Formelzeichen beschrieben.

Spezifische Wärmekapazität

Die **spezifische Wärmekapazität** c eines Stoffes ist ein Maß für die Fähigkeit pro Masseeinheit des Stoffes, thermische Energie zu speichern.

$$Q = c \, m \, \Delta T \qquad (7.6)$$

$$[c] = 1 \, \mathrm{J \, kg^{-1} \, K^{-1}}$$

Beispiel. *Spezifische Wärmekapazitäten von Stoffen*

- $c_{Cu} = 0{,}382 \, \mathrm{kJ \, kg^{-1} \, K^{-1}}$
- $c_{H_2O} = 4{,}19 \, \mathrm{kJ \, kg^{-1} \, K^{-1}}$

Wasser verfügt demnach über eine sehr große Wärmekapazität, d. h., es hat ein ausgezeichnetes Wärmespeichervermögen. Dies hat zahlreiche Auswirkungen, wie beispielsweise die Temperaturstabilität von Küstenregionen im Winter. Während der Sommermonate erwärmt sich das Meerwasser und gibt diese Wärme in den Wintermonaten wieder ab. Darüber hinaus wird das hohe Wärmespeichervermögen von Wasser auch in vielen technischen Anwendungen ausgenutzt, wie beispielsweise der Kühlung von Motoren oder um Wärme aus dem Heizungskeller in die darüberliegende Wohnung zu transportieren.

Je größer c ist, desto besser kann ein Stoff Wärme speichern. Während sich die spezifische Wärmekapazität auf die Masse bezieht, ist ein Bezug auf die Stoffmenge n, also die Anzahl an Teilchen, ebenso möglich.

Stoffmenge

Die **Stoffmenge** n ist ein Maß für die Teilchenzahl betrachteter Atome, Moleküle, Ionen, Elementarteilchen etc. in einem Vielteilchensystem.

$$[n] = 1 \, \mathrm{mol} \quad (\text{Mol})$$

Mol

Das **Mol** mol ist die SI-Einheit der Stoffmenge und entspricht dem Zahlenwert der **Avogadro-Konstanten** $N_A = 6{,}022\,140\,76 \cdot 10^{23} \, \mathrm{mol^{-1}}$. Ein Mol enthält genau $6{,}022\,140\,76 \cdot 10^{23}$ Teilchen.

Experimentelle Befunde:
- Die Wärmekapazität ist abhängig von der Temperatur und kann nur für bestimmte Temperaturbereiche als annähernd konstant angenommen werden.
- Die Wärmekapazität hat einen elektronischen und phononischen Anteil. Der elektronische Anteil ist maßgeblich durch die Bewegungsenergie der Elektronen gekennzeichnet. Da in elektrischen Isolatoren frei bewegliche Elektronen fehlen, sind sie im Allgemeinen auch schlechte Wärmeleiter. Der phononische Anteil rührt von den Schwingungen der Atome her.

– Die Wärmekapazität ist abhängig von der sogenannten Prozessführung. Typischerweise wird die isochore (Volumen konstant) und isobare Prozessführung (Druck konstant) unterschieden. Insbesondere bei Gasen ist zu berücksichtigen, dass die isobare spezifische Wärmekapazität c_p stets größer ist als die der isochoren Prozessführung c_V: $c_p > c_V$.

Die **Messung der Wärmekapazität** erfolgt typischerweise durch ein **Kalorimeter**, welches folgende Eigenschaften erfüllen sollte:
– Die Wärmekapazität des Kalorimeters C_k sollte so gering wie möglich sein. Zudem muss diese Größe experimentell bestimmt werden, sowohl der untersuchte Messkörper, als auch das Kalorimeter nehmen Wärme auf.
– Das Kalorimeter sollte ideal gegen die Umgebung isoliert sein (demnach erfolgt kein Stoff- und Energieaustausch).

Anhand des Wärmeübergangs von Stoffen bekannter auf Stoffe unbekannter spezifischer Wärmekapazität und auf das Kalorimeter kann unter der Bilanzbetrachtung $\sum Q_{auf} = \sum Q_{ab}$ die spezifische Wärmekapazität des oben genannten Messkörpers bestimmt werden.

! **Beispiel.** *Mischungskalorimeter*

In eine Flüssigkeit mit bekannter Masse m_1, Temperatur ϑ_1 und spezifischer Wärmekapazität c_1 wird ein fester Körper (Probe) mit Masse m_2 (üblicherweise durch Wägung) und Temperatur $\vartheta_2 > \vartheta_1$ gegeben. Die Wärmekapazität des Kalorimeters C_K kann durch Leermessung bzw. unter definierter Wärmezufuhr (z. B. elektrisch) in eine bekannte Flüssigkeit bestimmt werden. Die Messgröße ist die Mischungstemperatur ϑ_m. Der Körper gibt die Wärme Q ab und das Wasser und das Kalorimeter nehmen gemeinsam diese Wärme Q auf. Aus der Bilanzgleichung:

$$m_2 \cdot c_2 \cdot (\vartheta_2 - \vartheta_m) = m_1 \cdot c_1 \cdot (\vartheta_m - \vartheta_1) + C_K \cdot (\vartheta_m - \vartheta_1) \qquad (7.7)$$

folgt nach Umstellung die sogenannte **Kalorimeterformel** und damit die unbekannte spezifische Wärmekapazität der Probe:

$$c_2 = \frac{m_1 \cdot c_1 + C_K}{m_2} \cdot \frac{\vartheta_m - \vartheta_1}{\vartheta_2 - \vartheta_m} \qquad (7.8)$$

7.3 Wärmemenge und Phasenumwandlung

Wird einem System Wärme zugeführt, so muss dies nicht zwangsläufig zu einer Temperaturänderung führen, sondern sie kann stattdessen eine **Phasenumwandlung** hervorrufen. Abbildung 7.4 zeigt dies beispielhaft für einen Topf, in welchem sich Eiswasser befindet. Dieser wird auf eine heiße Herdplatte gestellt. Solange sich noch Eis im Wasser befindet, beträgt die Temperatur des Wassers unverändert 0 °C, d. h., die zugeführte Wärme bewirkt das Schmelzen des Eises. Sobald kein Eis mehr im Topf vorhanden ist, steigt die Temperatur bis zur Siedetemperatur von 100 °C. Beim Sieden verursacht die zugeführte Wärme einen Phasenübergang von flüssigem Wasser zu Wasserdampf, wobei die Temperatur konstant bleibt. Solange noch flüssiges Wasser im Topf ist, gibt es keine Gefahr des Überhitzens (Prinzip des Wasserkochtopfes oder der Speisezubereitung in einem Wasserbad).

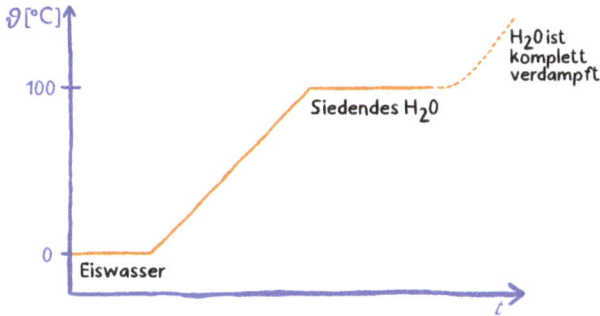

Abb. 7.4: Die zeitliche Temperaturentwicklung eines Topfes mit Eiswasser, welcher auf eine heiße Herdplatte gestellt wird.

Es existieren also **Umwandlungswärmen** Q_u, d. h., bei Phasenumwandlungen 1. Art werden Wärmemengen freigesetzt und verbraucht. Eine Phasenumwandlung schließt nicht nur die Änderung des Aggregatzustandes ein, sondern auch Umwandlungen innerhalb eines Aggregatzustandes, z. B. die Änderung der Kristallstruktur (der regelmäßigen Anordnung der Atome im festen Zustand). Die Normierung auf die Masse m ergibt wieder eine spezifische Größe q:

$$Q_u = m \cdot q \qquad (7.9)$$

$$[q] = 1 \, \text{J kg}^{-1}$$

Die spezifische Umwandlungswärme q ist eine Materialgröße und abhängig vom jeweiligen Phasenübergang. So betragen beispielsweise die Umwandlungswärmen von Wasser für die Übergänge fest/flüssig und flüssig/gasförmig:

- $q_{0\,°C} = 334 \, \text{kJ kg}^{-1}$
- $q_{100\,°C} = 2260 \, \text{kJ kg}^{-1}$

Beispiel. Auch für das Verdunsten von Wasser oder eines Lösungsmittels auf der Haut wird Wärme benötigt, die der Umgebung entzogen wird. Dies merkt man an der Abkühlung der Haut.

Kapitelzusammenfassung

!

Thermische Ausdehnung, Kalorimetrie

Längenausdehnung	$l = l_0(1 + \alpha\Delta T)$
Volumenausdehnung	$V = V_0(1 + \gamma\Delta T), \quad \gamma = 3\alpha$
Wärmebilanz/Energieerhaltung	$\sum Q_{\text{auf}} = \sum Q_{\text{ab}}$
Wärmemenge	$Q = C\Delta T = cm\Delta T$
Umwandlungswärme	$Q_u = mq$

8 Wärmetransport

https://doi.org/10.1515/9783111331577-010

8.1 Arten des Wärmetransports

Wie im vorangehenden Kapitel ausgeführt, wird Wärme immer dann übertragen, wenn ein Temperaturunterschied existiert, d. h., es kommt zum **Wärmetransport** bzw. zur **Wärmeübertragung** vom System mit der höheren zu jenem mit der niedrigeren Temperatur. Drei verschiedene Prozesse können zum Wärmetransport beitragen:

- Die **Wärmeleitung** beschreibt die Wärmeübertragung durch ein Medium **ohne Stofftransport**. Sie ist immer an Materie gekoppelt und folglich im Vakuum nicht möglich. In Festkörpern erfolgt diese Form der Energieübertragung durch die Schwingungen der Atome und in Flüssigkeiten und Gasen durch die Stöße zwischen Molekülen, auch über Kontaktflächen hinweg. Ein Beispiel ist die Wärmezufuhr zur Speise am klassischen Herd vom Heizwendel über die metallische Herdplatte hin zum Topf oder zur Pfanne.
- Die **Konvektion** ist die Wärmeübertragung bzw. der Wärmetransport, welcher an einen **Stofftransport** gekoppelt ist, d. h., durch die Strömung von Teilchen wird Wärme aufgenommen bzw. abgegeben und so Energie übertragen. Dafür steht die Luftzirkulation in Wohnräumen, die, angetrieben durch die vertikale Luftbewegung am Heizkörper selbst, die Wärmeverteilung im Raum realisiert.
- Die **Wärmestrahlung** beschreibt die Wärmeübertragung durch elektromagnetische Strahlung ohne Stofftransport. Im Vakuum ist nur diese Form der Energieübertragung möglich. Ein Beispiel hierfür ist der Energietransport von der Sonne zur Erde, worauf unser Leben ganz wesentlich basiert (ein weiteres interessantes Fachgebiet).

In den folgenden Abschnitten soll insbesondere die Wärmeleitung näher betrachtet werden.

8.2 Wärmeleitung

Zunächst wird beispielhaft der Wärmefluss durch einen Metallstab beschrieben, Metallstab beschrieben, welcher als ein homogener Festkörper angenommen wird, d. h. mit gleicher Materialbeschaffenheit im gesamten Volumen des Körpers. Der Metallstab befindet sich hierbei zwischen zwei Wärmereservoirs (vgl. Abb. 8.1) unterschiedlicher Temperatur. Ein stationärer Zustand wird angenommen, d. h., Energie fließt, aber die charakteristischen Größen wie die Temperatur der Wärmereservoirs ändern sich zeitlich nicht. Dies kann erreicht werden, indem sehr große Wärmereservoirs gewählt werden. Alternativ können Systeme mit Phasenwechsel (und Umwandlungswärmen, siehe oben) wie Eiswasser und siedendes Wasser als Temperaturpuffer mit stationären Referenzpunkten genutzt werden. Infolge des Temperaturunterschieds kommt es zur Wärmeleitung durch den Stab und es wird kontinuierlich Wärme übertragen.

Im zugrunde gelegten stationären Zustand ändert sich die Temperatur über die Stablänge linear, wie Abb. 8.1 zeigt. Darüber hinaus ist die transportierte Wärmemen-

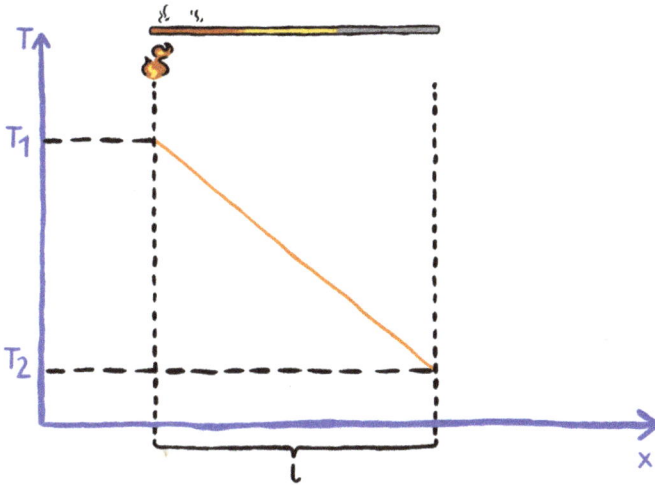

Abb. 8.1: Wärmleitung durch einen Metallstab der Länge *l* im stationären Zustand zwischen zwei Wärmereservoirs mit der Temperatur T_1 und T_2.

ge Q direkt proportional zur Querschnittsfläche des Metallstabes A, zur Zeitspanne Δt, sowie zur Temperaturdifferenz ΔT, und indirekt proportional zur Länge des Stabes l. Auf Grundlage dieser Überlegung ergibt sich für die während der Zeit Δt transportierte Wärmemenge Q der Zusammenhang in Gl. (8.1), welcher den noch zu berücksichtigen Proportionalitätsfaktor λ einschließt, der die Materialabhängigkeit beschreibt.

Spezifische Wärmeleitfähigkeit

Die **spezifische Wärmeleitfähigkeit** λ ist eine Materialgröße, die von der Temperatur abhängig ist. Sie beschreibt, wie gut ein Stoff Wärme durch Wärmeleitung transportiert.

$$Q = \lambda \frac{A}{l} \Delta t \, \Delta T \tag{8.1}$$

$$[\lambda] = 1\,\mathrm{W\,m^{-1}\,K^{-1}} = 1\,\mathrm{J\,s^{-1}\,m^{-1}\,K^{-1}}$$

Beispiel. *Spezifische Wärmeleitfähigkeiten fester Stoffe bei* 20 °C

– $\lambda_{\mathrm{Glas}} = 0{,}7...1{,}4\,\mathrm{W\,m^{-1}\,K^{-1}}$
– $\lambda_{\mathrm{Cu}} = 399\,\mathrm{W\,m^{-1}\,K^{-1}}$

Häufig ist nicht nur die transportierte Wärme, sondern auch der **Wärmestrom**, d. h. die pro Zeiteinheit durch den Träger strömende Wärmemenge, von Interesse. Dieser Wärmestrom $\dot{Q}$ ist die zeitliche Ableitung der transportierten Wärmemenge und eng verknüpft mit der Wärmeleistung P, also der Energieübertragung pro Zeit. Entsprechend der Differentialrechnung hin zu kleinen Intervallen der Wärmemenge dQ und der Zeit dt gilt:

$$\dot{Q} = \frac{dQ}{dt} \quad \longleftrightarrow \quad P = \frac{dW}{dt} \tag{8.2}$$

Daraus ergibt sich für den stationären Zustand der Wärmeleitung durch den Stab:

$$\dot{Q} = \lambda \frac{A}{l} \Delta T \tag{8.3}$$

Die Einführung eines **Wärmeleitwiderstandes** R_λ der Form:

$$R_\lambda = \frac{1}{\lambda} \frac{l}{A} \tag{8.4}$$

mit der Einheit $[R_\lambda] = 1\,\mathrm{K\,W^{-1}}$ lässt die Analogie zur elektrischen Leistung und zum Ohm'schen Gesetz der Elektrodynamik (vgl. Gl. (2.6) ff.) erkennbar werden:

$$\dot{Q} = \frac{\Delta T}{R_\lambda} \quad \longleftrightarrow \quad I = \frac{U}{R} \tag{8.5}$$

8.3 Wärmeübergang und Wärmedurchgang

Als **Wärmeübergang** wird der Wärmestrom durch die Grenzfläche A von zwei unmittelbar aneinandergrenzenden Medien bezeichnet. Dies schließt den Wärmestrom zwischen festen, flüssigen oder gasförmigen Medien mit ein. Ein Beispiel ist, wie in Abb. 8.2 dargestellt, eine Fensterscheibe im Winter, welche sowohl an ihrer Grenzfläche als auch in ihrem Inneren eine niedrigere Temperatur als der Raum hat. Experimentell stellt sich heraus, dass an jeder Übergangsstelle ein Temperatursprung ΔT auftritt. Der fließende Wärmestrom $\dot{Q}$ ist proportional zu diesem und durch den Wärmeübergangskoeffizienten α charakterisiert.

Wärmeübergangskoeffizient

Der **Wärmeübergangskoeffizient** α beschreibt den Wärmeübergang durch eine Grenzfläche A und ist *keine* Materialkonstante im engeren Sinne, sondern neben der Stoffpaarung auch abhängig von zahlreichen Parametern wie der Rauigkeit der Grenzfläche, der Gasbewegung etc.

$$\dot{Q} = \alpha A \Delta T \tag{8.6}$$

$$[\alpha] = 1\,\mathrm{W\,m^{-2}\,K^{-1}}$$

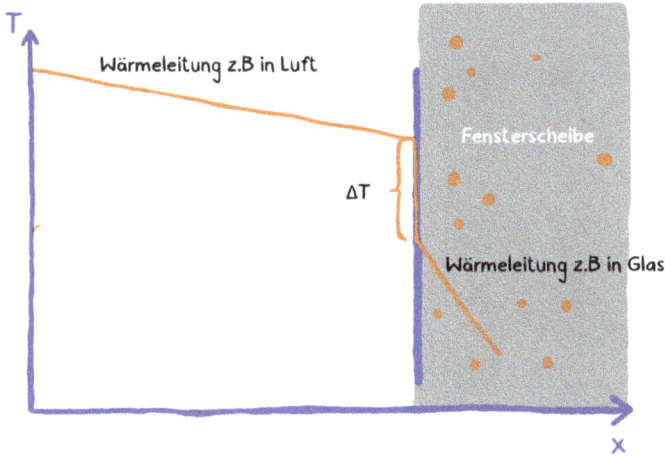

Abb. 8.2: An einer Fensterscheibe im Winter, die durch die Außentemperatur kälter ist als der Raum, kommt es an ihrer Grenzfläche zu einem Temperatursprung ΔT.

Das Zusammenwirken von Wärmeleitung und Wärmeübergang wird als **Wärmedurchgang** bezeichnet. Ein Beispiel ist der in Abb. 8.3 skizzierte Wärmedurchgang durch eine Wand. Der Wärmedurchgang durch die Wand ist im Wesentlichen von drei Vorgängen gekennzeichnet:

- Wärmeübergang Luft (innen) → Wand (innen) $\qquad T_1 - T_2 : \alpha_1 \qquad$ (8.7)
- Wärmeleitung in der Wand $\qquad\qquad\qquad\quad T_2 - T_3 : \lambda \qquad$ (8.8)
- Wärmeübergang Wand (außen) → Luft (außen) $\qquad T_3 - T_4 : \alpha_2 \qquad$ (8.9)

Unter der Annahme eines stationären Vorgangs gilt, dass $\dot{Q}$ = const. für den Gesamtvorgang und mit dem Wärmedurchgangskoeffizienten U ergibt sich:

$$\dot{Q} = U \cdot A \cdot (T_1 - T_4) \qquad (8.10)$$

Für einen stationären Vorgang gilt auch für die drei Einzelvorgänge, dass $\dot{Q}$ = const.:

$$\dot{Q} = \alpha_1 \cdot A \cdot (T_1 - T_2) \qquad (8.11)$$

$$\dot{Q} = \frac{\lambda}{l} \cdot A \cdot (T_2 - T_3) \qquad (8.12)$$

$$\dot{Q} = \alpha_2 \cdot A \cdot (T_3 - T_4) \qquad (8.13)$$

Aus der Umstellung der Gl. (8.11) bis (8.13) können die drei Beiträge ΔT_i zum gesamten Temperatursprung über das System aus Wand und Grenzflächen ermittelt werden:

$$\Delta T_{\text{ges}} = \sum_i \Delta T_i = T_1 - T_4 \qquad (8.14)$$

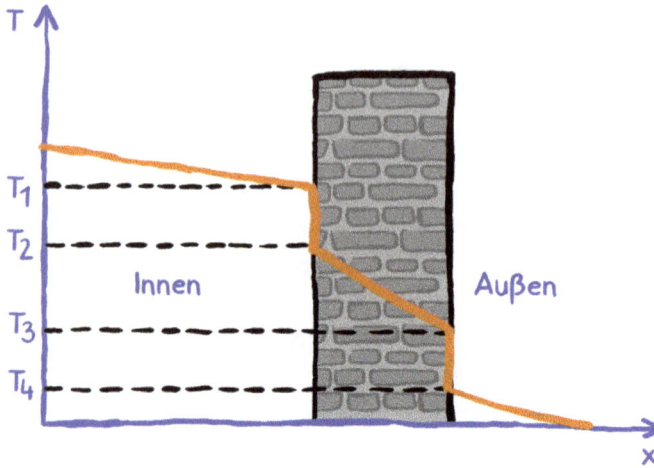

Abb. 8.3: Der Wärmedurchgang durch eine Wand ist durch Wärmeleitung innerhalb eines Mediums und Wärmeübergang an den Grenzflächen zwischen zwei Medien gekennzeichnet.

Zudem entspricht dies auch der Temperaturdifferenz aus Gl. (8.10). Eingesetzt in die Summe (und geteilt durch den konstanten Wärmestrom $\dot{Q}$) folgt der quantitative Wärmedurchgang durch das vollständige System dem sogenannten Wärmedurchgangskoeffizienten $U(\alpha_1, \alpha_2, \lambda)$, ähnlich einer Reihenschaltung für elektrische Widerstände:

$$\frac{1}{U} = \frac{1}{\alpha_1} + \frac{l}{\lambda} + \frac{1}{\alpha_2}$$

(8.15)

Wärmedurchgangskoeffizient

Der **Wärmedurchgangskoeffizient** $U(\alpha_i, \lambda_j)$, auch Wärmedämmwert, durch eine Fläche A ist ein Maß für den Wärmedurchgang durch ein System von Grenzflächen mit Wärmeübergangskoeffizienten α_i und Medien der Ausdehnungen l_j mit Wärmeleitfähigkeiten λ_j aufgrund eines räumlichen Temperaturunterschieds.

$$\frac{1}{U} = \sum_i \frac{1}{\alpha_i} + \sum_j \frac{l_j}{\lambda_j}$$

(8.16)

$$[U] = [\alpha] = 1\,\mathrm{W\,m^{-2}\,K^{-1}}$$

Kapitelzusammenfassung

Wärmetransport

Wärmeleitung $\qquad\qquad\qquad\qquad\qquad \dot{Q} = \lambda \dfrac{A}{l} \Delta T$

Wärmeübergang $\qquad\qquad\qquad\qquad \dot{Q} = \alpha \, A \, \Delta T$

Wärmedurchgang $\qquad\qquad\qquad\quad \dot{Q} = U \, A \, \Delta T$

$\qquad$ Wärmedurchgangskoeffizient $\qquad \dfrac{1}{U} = \sum_i \dfrac{1}{\alpha_i} + \sum_j \dfrac{l_j}{\lambda_j}$

9 Zustandsänderung des idealen Gases

https://doi.org/10.1515/9783111331577-011

9.1 Thermodynamische Zustandsgrößen und Zustandsgleichungen

Gegenstand physikalischer Betrachtungen sind zumeist mehrere Objekte, die miteinander in Wechselwirkung treten, dafür existiert der Begriff des Vielteilchensystems und die Betrachtung wird richtig spannend. Für die Beschreibung kann, wie schon erwähnt, auf die bereits in der Mechanik eingeführten Größen zurückgegriffen werden. Es wird sich herausstellen, dass Gasteilchen ähnlich wie Kugeln beim Billard-Spiel wechselwirken, sowohl miteinander als auch mit festen Systemgrenzen. Mit der entsprechenden kinetische Energie der Teilchen lässt sich dann thermodynamisch die Temperatur verknüpfen, welche wiederum quantitativ erfasst werden kann und den thermodynamischen Zustand des Vielteilchensystems beschreibt. Es gibt weitere physikalische Parameter, die zur Temperatur hinzutreten und ein Teilchenensemble charakterisieren. Zur Temperatur gesellt sich u. a. gern der aus der Mechanik bekannte Druck, d. h. eine Kraftwirkung auf eine bestimmte Fläche. Es gibt für derartige Ensembles von Teilchen auch Phänomene, die sich aus der Ordnung oder Unordnung der Objekte ergeben. Entsprechend wird später auch von einem Ordnungsparameter dieser Vielteilchensysteme, der Entropie, die Rede sein.

Etwas genauer definiert befindet sich ein (physikalisches) Vielteilchensystem zu jedem Zeitpunkt in einem bestimmten **thermodynamischen Zustand**, welcher, unabhängig vom Weg, auf dem es zu diesem Zustand gekommen ist, durch sogenannte **Zustandsgrößen** beschrieben und charakterisiert wird. Da sich eine Vielzahl von Objekten in einem Ensemble befinden, lassen sich diese Zustandsgrößen auch mengenspezifisch ausdrücken. An der Stelle beginnt die Unterscheidung in extensive und intensive Zustandsgrößen. **Extensive** Zustandsgrößen sind mengenabhängig, **intensive** nicht.

Beispiel. *Mais aus der Dose* !

Als Anwendungsbeispiel zur Erläuterung für extensive und intensive Zustandsgrößen eines Systems kann der Inhalt einer Konservendose an Mais (etc.) betrachtet werden. Fügt man dem System nun einen zweiten identischen Doseninhalt hinzu, so verdoppelt sich die Stoffmenge, die innere Energie, das Volumen usw., während die Temperatur und der Druck gleich bleiben.

Wichtige thermodynamische Zustandsgrößen dieser beiden Klassen umfassen also:
- die intensiven Größen (absolute) Temperatur T, Druck p, chemisches Potential μ, Teilchendichte $\mathcal{V}$ und Massendichte ρ, als auch
- die extensiven Größen Volumen V, Teilchenzahl N/Stoffmenge n, Entropie S, und die weiteren sogenannten **thermodynamischen Potentiale** (z. B. innere Energie U).

Innere Energie

Die **innere Energie** U ist ein thermodynamisches Potential und entspricht der für Umwandlungsprozesse zur Verfügung stehenden Energie des Systems. Sie beinhaltet somit den gesamten Energievorrat des Systems.

Die Kenntnis weniger Zustandsgrößen ist bereits ausreichend, um ein einfaches thermodynamisches System im Gleichgewicht vollständig zu beschreiben. Experimentell zeigt sich, dass der Zustand eines einkomponentigen einphasigen Systems (z. B. eines idealen Gases) durch die Vorgabe von zwei intensiven und einer extensiven Zustandsgröße eindeutig bestimmt ist. Die physikalischen Zusammenhänge zwischen den Zustandsgrößen werden durch **Zustandsgleichungen** erfasst.

Ideales Gas

Das **ideale Gas** ist ein vereinfachtes Modellsystem, das auf zwei Annahmen beruht und damit Freiheitsgrade einschränkt: Zum einen haben die Gasteilchen ein vernachlässigbar kleines Eigenvolumen (ähnlich des Modells der Punktmasse). Zum anderen treten zwischen den Teilchen abgesehen von elastischen Stößen keine weiteren Wechselwirkungen auf.

Um nun die Freiheitsgrade auf zwei einzuschränken, muss es funktionelle Verknüpfungen der Zustandsgrößen geben. Für das ideale Gas sind das die sogenannte thermische und die kalorische Zustandsgleichung. Zu beiden finden sich im nächsten Kapitel weitere Ausführungen.

Thermische Zustandsgleichung

Die **thermische Zustandsgleichung** verknüpft die Zustandsgrößen Druck p, Volumen V, Temperatur T und Stoffmenge n.

$$p\,V = n\,R\,T \tag{9.1}$$
$$p\,V = m\,R'\,T \tag{9.2}$$

$R = 8{,}314\,\mathrm{J\,mol^{-1}\,K^{-1}}$ ... universelle Gaskonstante

$R' = \frac{R}{M}$ ... spezielle Gaskonstante (mit molarer Masse M)

Kalorische Zustandsgleichung

Die **kalorische Zustandsgleichung** verknüpft die innere Energie U mit der Temperatur T und kann für einatomige Gase über die Wärmekapazität $C_V = m\, c_V$ angegeben werden.

$$U = m\, c_V\, T$$ (9.3)

c_V ... spezifische Wärmekapazität (isochore Prozessführung)

Ein System befindet sich in einem **thermodynamischen Gleichgewichtszustand** bzw. Gleichgewicht, wenn sich die makroskopischen Zustandsgrößen im gesamten Systemvolumen nicht mehr ändern und keine Stoff- und Energieflüsse innerhalb des Systems mehr auftreten. Es hat sich somit auch ein stationärer, d. h. zeitlich unveränderlicher Zustand des Systems eingestellt.

9.2 Zustandsänderungen

Änderungen des Zustandes eines thermodynamischen Systems werden als **quasistatische Prozesse** bezeichnet, wenn diese als eine **Folge von Gleichgewichtszuständen** aufgefasst werden können, d. h., das System zu jedem Zeitpunkt im thermodynamischen Gleichgewicht ist. Nur diese quasistatischen Prozesse können durch Kurven im Zustandsraum beschrieben werden. Folglich gelten die Zustandsgleichungen an jedem Punkt, sodass sich die zugeordneten Größen bzw. Variablen in Form von **Zustandsdiagrammen** darstellen lassen. In einem Zustandsdiagramm bezeichnet also jeder Punkt eine Gleichgewichtssituation.

Die Abb. 9.1 zeigt beispielhaft ein Zustandsdiagramm, wobei ein thermodynamisches System mit dem Ausgangszustand (Druck p_1 und Volumen V_1) mehrere Zustands-

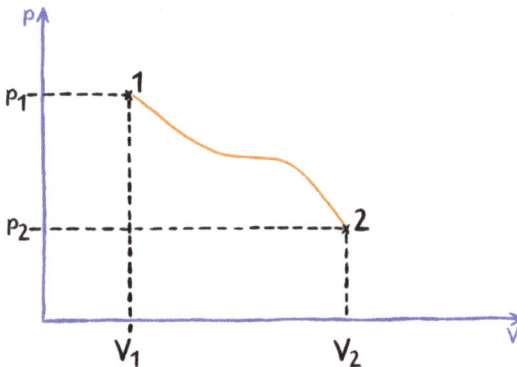

Abb. 9.1: Die Zustandsänderungen eines thermodynamischen Systems vom Ausgangszustand (Druck p_1, Volumen V_1) zum Endzustand (Druck p_2, Volumen V_2) kann in Form eines Zustandsdiagramms dargestellt werden.

änderungen durchläuft, bis es auf dem zufällig gewählten Weg den Endzustand (Druck p_2 und Volumen V_2) erreicht.

Eine Zustandsänderung im Zustandsdiagramm, wie in Abb. 9.1 gezeigt, erscheint als funktionaler Zusammenhang zwischen zwei Zustandsvariablen (hier p und V). Tatsächlich sind mathematische Zusammenhänge wie die thermische Zustandsgleichung jedoch durch weitere Zustandsgrößen, z. B. T, n und U beschrieben. Die Diskussion wird durch die Festlegung von **Nebenbedingungen** erleichtert. Diese charakterisieren demnach verschiedene Arten von Zustandsänderungen, wie folgend in Tab. 9.1 gelistet. Im einfachsten Fall wird als Nebenbedingung angenommen, dass eine der Zustandsvariablen konstant bleibt. Dann handelt es sich um die **isobare**, **isochore** bzw. **isotherme** Zustandsänderung (Abb. 9.2). Aber auch andere Nebenbedingungen sind möglich, wie die Annahme, dass keine Wärme ausgetauscht wird, was als **adiabatische** Zustandsänderung bezeichnet wird. Die entsprechenden Kurven im Zustandsdiagramm werden Isobare, Isochore, Isotherme und Adiabate genannt.

Tab. 9.1: Nebenbedingungen bei Zustandsänderungen (Volumenarbeit W am Abschnittsende eingeführt).

Nebenbedingung	Name der Zustandsänderung	funktionaler Zusammenhang	
p = const.	isobar	$\frac{V}{T}$ = const.	
V = const.	isochor	$\frac{p}{T}$ = const.	
T = const.	isotherm	pV = const.	
$Q = 0$	adiabatisch	pV^{κ} = const.	
$\frac{Q}{W}$ = const.	polytrop	pV^{n} = const.	$0 \leq n \leq \infty$

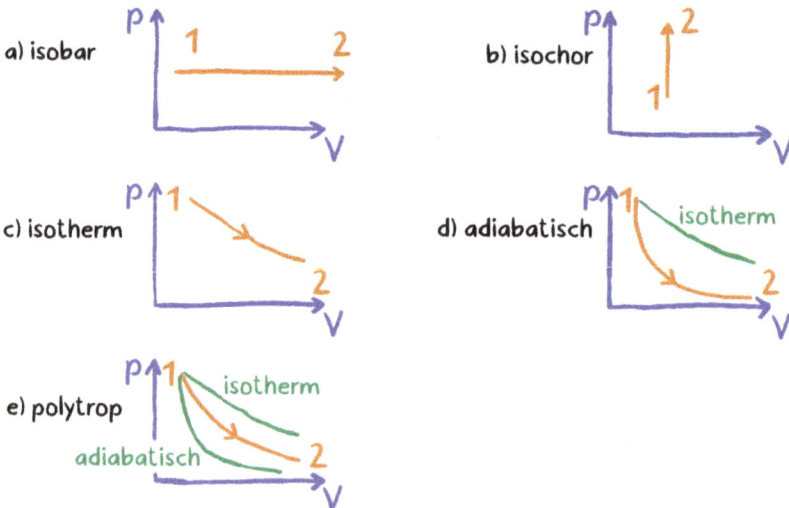

Abb. 9.2: Zustandsänderungen unter verschiedenen Nebenbedingungen: (a) isobar, (b) isochor, (c) isotherm, (d) adiabatisch und (e) polytrop.

Die adiabatische Zustandsänderung ist dadurch charakterisiert, dass die ausgetauschte Wärmemenge $Q = 0$ ist, z. B. bei schneller Prozessführung oder idealer Isolation. Im realen Experiment ist dies jedoch oft schwer zu realisieren. Die Formulierung $Q = 0$ lässt keinen direkten Rückschluss auf den Zusammenhang zwischen den Zustandsgrößen zu. Dies ist nur unter der Zuhilfenahme des ersten Hauptsatzes der Thermodynamik (Kapitel 10, Energiesatz der Thermodynamik unter Austausch von Wärme) möglich. Der Kurvenverlauf der adiabatischen Zustandsänderung im p–V-Diagramm zeigt einen sogenannten Adiabatenexponenten, der sich aus den spezifischen Wärmekapazitäten c_p und c_V unter den diskutierten Nebenbedingungen (siehe Abschnitt 7.2) ergibt und auch in mathematischer Beziehung mit der sogenannten speziellen Gaskonstante R' (vgl. Abschnitt 10.4) steht. Es gilt für die adiabatische Zustandsänderung:

$$pV^\kappa = \text{const.} \quad \text{mit} \quad \kappa = \frac{c_p}{c_V} \quad \text{und} \quad R' = c_p - c_V \tag{9.4}$$

Des Weiteren soll an dieser Stelle der Begriff des Kreisprozesses eingeführt werden. Als **Kreisprozess** wird eine Aneinanderreihung von Zustandsänderungen bezeichnet, die wieder zum Ausgangszustand zurückführen. Im Zustandsdiagramm bildet ein Kreisprozess folglich eine geschlossene Linie.

Beispiel. *Kreisprozess aus isothermer Expansion, isochorer Abkühlung, isobarer Abkühlung und isochorer Erwärmung*

In Abb. 9.3 ist beispielhaft ein Kreisprozess gezeigt. Bei einer hohen konstanten Temperatur wird Wärme Q aufgenommen, das Gas expandiert von V_1 auf V_2 und verrichtet dabei Volumenarbeit $-W$. Danach wird das Gas bei konstantem Volumen abgekühlt, der Druck sinkt und Wärme wird abgegeben. Anschließend wird das Gas unter Wärmeentzug weiter abgekühlt und komprimiert bei konstantem Druck von V_2 wieder auf V_1 unter Aufnahme von Arbeit W' mit $W' < W$. Im letzten Schritt wird das Gas bei konstan-

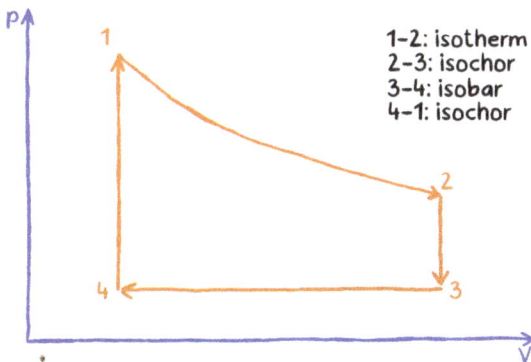

1–2: isotherm
2–3: isochor
3–4: isobar
4–1: isochor

Abb. 9.3: Beispielkreisprozess mit den Teilprozessen isotherme Expansion (1-2), isochore Abkühlung (2-3), isobare Abkühlung (3-4) und isochore Erwärmung (4-1).

tem Volumen wieder auf die Ausgangstemperatur unter Zufuhr von Wärme erwärmt. Die durch das Gas verrichtete Nettovolumenarbeit $\Delta W = -W + W'$ des Kreisprozesses kann man direkt an der umschlossenen Fläche ablesen.

9.3 Herleitung der thermischen Zustandsgleichung

Aus den Gesetzen der Zustandsänderungen unter konstanten Nebenbedingungen lässt sich die thermische Zustandsgleichung herleiten. Dies soll im Folgenden Schritt für Schritt nachvollzogen werden. Betrachtet wird ein ideales Gas, welches sich in einem Kolben definierten Volumens befindet. Der Kolben ist zunächst fixiert und ermöglicht so die Prozessführung bei konstantem Volumen und konstanter Teilchenzahl. Das Gas ist ferner von einem Wasserbad umschlossen, sodass ein Wärmeaustausch bei geregelter Temperatur erfolgen kann.

Im ersten Schritt wird nun bei konstant gehaltenem Volumen das Gas über das Wärmebad mit Energie versorgt (Abb. 9.4). Es wird ein kontinuierlicher Druckanstieg $\frac{p}{p_0}$ bis zu einem Enddruck gemessen, der gleich der Temperaturerhöhung $\frac{T}{T_0}$ ist. Dies geschieht, solange die Temperatur bis auf einen Enddruck p_1 bei T_1 (Abb. 9.5) steigt. Somit ist der Druck bei konstanter Teilchenzahl und Volumen proportional zur Temperatur. Dieser Zusammenhang ist auch als **Gesetz von Amontons** oder auch als **2. Gesetz von Gay-Lussac** bekannt:

$$p \sim T, \quad \frac{p}{T} = \frac{p_0}{T_0} = \text{const.}, \quad \frac{p_1}{p_0} = \frac{T_1}{T_0} \tag{9.5}$$

$$\text{Randbedingung: } V = \text{const.}, n = \text{const.}$$

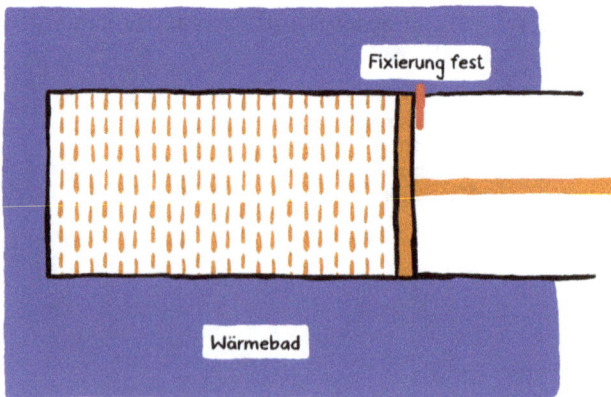

Abb. 9.4: 1. Schritt: Isochore Erwärmung des idealen Gases im Kolben durch Fixierung und Temperaturerhöhung des Wärmebads.

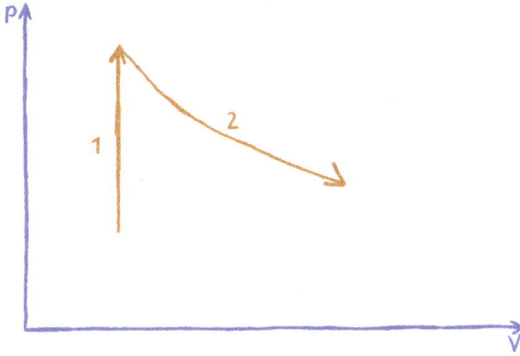

Abb. 9.5: Zustandsänderungen von Schritt 1 und Schritt 2 im p–V-Diagramm.

Im zweiten Schritt wird nun die Fixierung des Kolbens gelöst (Abb. 9.6). Damit wird das Volumen freigegeben. Das Gas bleibt auf der Temperatur T_1 des Wärmebades, jedoch kann sich die zuvor aufgebaute Druckdifferenz gegenüber der Umgebung nun von p_1 auf p_2 kontinuierlich abbauen. Der Kolben wird nach außen gedrückt und das Gas expandiert vom Volumen V_1 auf V_2 (vgl. Abb. 9.5). Je kleiner der Druck wird, umso größer wird also das Volumen. Beide Zustandsgrößen sind zueinander indirekt proportional und das Produkt bleibt konstant. Dieser Zusammenhang ist nach den beiden Entdeckern als **Gesetz von Boyle-Mariotte** benannt:

$$p \sim \frac{1}{V}, \quad p \cdot V = p_1 \cdot V_1 = \text{const.}, \quad \frac{p_2}{p_1} = \frac{V_1}{V_2} \tag{9.6}$$

$$\text{Randbedingung: } T = \text{const.}, n = \text{const.}$$

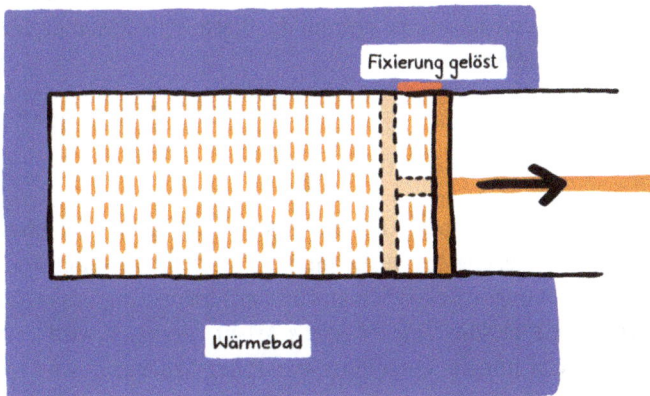

Abb. 9.6: 2. Schritt: Isotherme Expansion des idealen Gases durch Lösen der Fixierung und ein umgebendes Wärmebad mit konstanter Temperatur.

Die beiden eben gefundenen Gesetze können in einem zweistufigen Prozess auch nacheinander ausgeführt werden. Man erhält durch Einsetzen von Formel (9.5) in Formel (9.6):

$$p_2 V_2 = p_1 V_1 = \left(p_0 \frac{T_1}{T_0} \right) V_1 \overset{T_1 = T_2}{\underset{V_1 = V_0}{=}} \left(p_0 \frac{T_2}{T_0} \right) V_0 \tag{9.7}$$

und Umsortieren nach den entsprechenden Indizes (die tiefgestellten Zahlen 0, 1, 2, die den Zustand kennzeichnen) einen universell gültigen Zusammenhang für die Zustandsvariablen p, V, und T bei konstanter Teilchenzahl:

$$\frac{pV}{T} = \frac{p_0 V_0}{T_0} = \text{const.} \tag{9.8}$$

Randbedingung: $n = \text{const.}$

Nun muss im letzten Schritt noch die Konstante auf der rechten Seite der Gleichung (9.8) bestimmt werden. Dazu kann man als Referenzpunkt z. B. sogenannte Normalbedingungen wählen und das **Gesetz von Avogadro** nutzen. Dieses besagt, dass für ein ideales Gas eine Stoffmenge von $n = 1\,\text{mol}$ (zur Wiederholung, das sind ca. $6 \cdot 10^{23}$ Teilchen) bei einer Temperatur von $\vartheta_0 = 0\,°\text{C}$ bzw. $T_0 = 273{,}15\,\text{K}$ und einem Druck von $p_0 = 101\,325\,\text{Pa}$ immer ein Volumen von $V_m = 22{,}41\,\text{L}$ einnimmt, egal welche Teilchensorte das Gas enthält. Damit gilt für ein Mol Teilchen mit Volumen $V = V_m$ die folgende Konstante, welche aufgrund der Allgemeingültigkeit als **universelle Gaskonstante** benannt ist:

$$R = \frac{p_0 V_m}{T_0} = 8{,}3145\,\text{J}\,\text{mol}^{-1}\,\text{K}^{-1} \tag{9.9}$$

Für ein Gas mit Stoffmenge n skaliert das Volumen $V = n \cdot V_m$ und damit der Referenzpunkt linear mit n, bei $p_0 = \text{const.}$ und $T_0 = \text{const.}$, womit die thermische Zustandsgleichung nach Formel (9.2) Bestätigung findet.

9.4 Volumenarbeit eines idealen Gases

Die Quantifizierung der durch ein Medium geleisteten Verschiebungsarbeit bei einer Druckdifferenz Δp und Volumenänderung ΔV wurde im Band *Mechanik*, Kapitel 4 behandelt. Dort wurde die Verschiebungsarbeit W' aufgrund der Perspektive, dass vom System *gegen* eine Kraftwirkung F entlang eines Weges s Arbeit verrichtet wird, mit einem Minuszeichen vor dem Kraftintegral eingeführt, damit der Arbeitsaufwand im Ergebnis einen positiven Wert annimmt. Zudem wurde aus umgekehrter Perspektive die *durch* eine Kraft verrichtete Arbeit W ohne Minuszeichen eingeführt. Äquivalent zu der im Band *Mechanik*, Kapitel 9 beschriebenen Energiebetrachtung wird nun die von einem Gas infolge seiner Ausdehnung entlang eines Weges geleistete **Volumenarbeit** W berechnet. Dabei übt das Gas einen Druck p beispielsweise auf einen Kolben aus und dieser wirkt mit einer Kraft $\vec{F}$ gleichen Betrages entgegengesetzt zurück (*actio* gleich *re-actio*, Abb. 9.7). Für die Verschiebungsarbeit W' gegen die Kraft $\vec{F}$ und die entsprechende Volumenarbeit W aus der energetischen Perspektive des Gases ergibt sich:

$$W' = -\int \vec{F} d\vec{s} = \int F_s \, ds \quad \text{mit:} \quad F_s = p \, A \tag{9.10}$$

$$W = -\int p \, A \, ds \qquad \text{mit:} \quad A \, ds = dV \tag{9.11}$$

$$W_{1,2} = -\int_1^2 p(V) \, dV \quad \textbf{Volumenarbeit} \tag{9.12}$$

Die zwischen Stellung 1 und Stellung 2 aufintegrierten Änderungen des Volumens multipliziert mit dem bei diesem Volumen wirkenden Druck ergeben gerade die geleistete Volumenarbeit, wobei eine Volumenvergrößerung ΔV einer Abgabe von Volumenarbeit ($W < 0$) entspricht, deshalb das Minuszeichen in Gleichung (9.12).

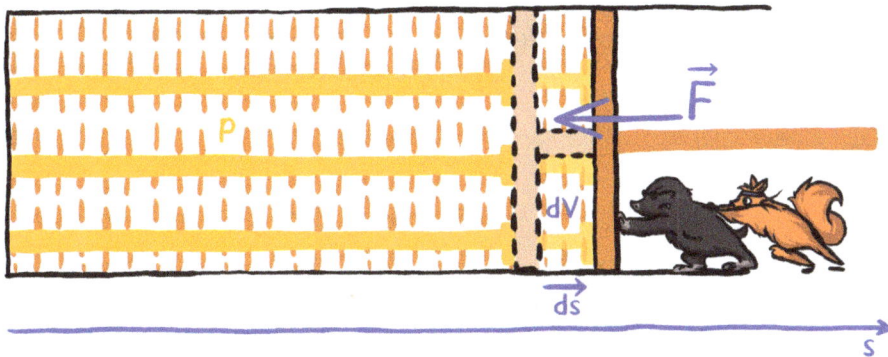

Abb. 9.7: Expansion des Gasvolumens durch einen Druck gegen die Kraft des Kolbens.

Die Volumenarbeit ist **keine Zustandsgröße**, sondern eine **Prozessgröße**, und damit abhängig von der Prozessführung. Im p–V-Diagramm lässt sich die Volumenarbeit als Fläche unter der Kurve identifizieren (Abb. 9.8). Mathematisch ist diese das in Gl. (9.12) beschriebene Integral. Unter einer höher gelegenen Isothermen oder Isobaren, also für höhere Temperatur oder Druck, ist die Volumenarbeit bei gleicher Volumenänderung immer größer als für tiefer gelegene Isotherme oder Isobare, da der Druck generell größer ist. Dies ermöglicht aufgrund der Differenz beider Flächen in Kombination mit weiteren Zustandsänderungen, beispielsweise isochorer Erwärmung und Abkühlung (vgl. Abb. 9.3), einen bilanziellen Gewinn und damit einen Nettoumsatz von Wärme ΔQ in mechanische Arbeit ΔW für jeden Durchlauf eines Kreisprozesses.

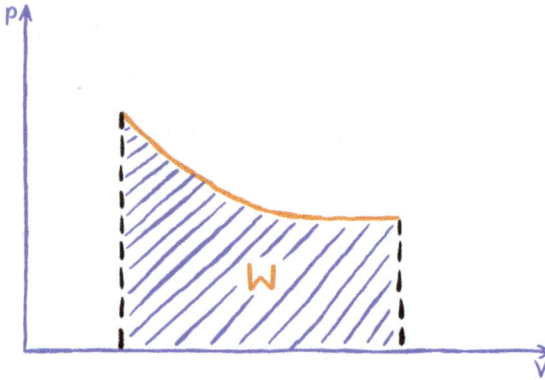

Abb. 9.8: Zustandsänderung im p–V-Diagramm mit Volumenarbeit W unterhalb der Kurve.

! Beispiel. *Diskussion von Volumenarbeit für isobare, isochore und isotherme Prozesse*

In den folgenden Beispielen (A–C) wird ein Gas von einem Zustand 1 in einen Zustand 2 überführt. Dabei werden drei verschiedene Prozesswege durchlaufen (Abb. 9.9, vgl. Tab. 9.1).

– Prozessweg A durchläuft zunächst eine isobare Expansion und danach eine isochore Abkühlung. Volumenarbeit wird nur für den ersten Teilschritt abgegeben, da während des zweiten Teilschritts keine Volumenänderung stattfindet:

$$W_A = -p_1 \int_{V_1}^{V_2} dV + 0 = -p_1(V_2 - V_1) < 0 \tag{9.13}$$

– Prozessweg B durchläuft die Teilschritte in umgekehrter Reihenfolge. Volumenarbeit wird demnach nur im zweiten Teilschritt abgegeben. Da die Fläche unter der tiefer gelegenen Isobaren kleiner ist, ist auch die vom Gas geleistete Volumenarbeit kleiner als im Prozessweg A:

$$W_B = 0 - p_2 \int_{V_1}^{V_2} dV = -p_2(V_2 - V_1) < 0 \tag{9.14}$$

$$|W_B| < |W_A| \tag{9.15}$$

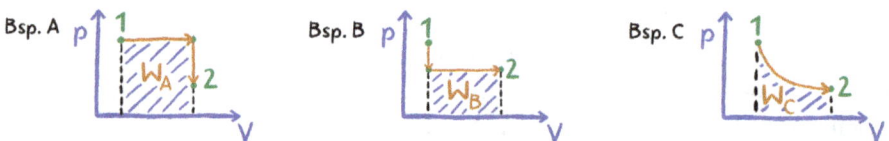

Abb. 9.9: Zustandsänderung eines idealen Gases auf drei unterschiedlichen Wegen (A–C).

– Prozessweg C durchläuft in nur einem direkten Schritt eine Isotherme von Zustand 1 zum Zustand 2. Die abgegebene Volumenarbeit sinkt kontinuierlich mit dem Druck. Insgesamt liegt der Betrag der Arbeit vom Weg C zwischen denen von Weg A und Weg B. Mit der thermischen Zustandsgleichung folgt:

$$W_C = -n\,R\,T \int \frac{dV}{V} \tag{9.16}$$

$$= -n\,R\,T\,\ln V_2 - \ln V_1 = -n\,R\,T\,\ln\!\left(\frac{V_2}{V_1}\right) < 0 \tag{9.17}$$

$$|W_B| < |W_C| < |W_A| \tag{9.18}$$

Bei Umkehr der Prozessrichtung ändert sich auch die Flussrichtung der ausgetauschten Volumenarbeit. In diesem Fall wird vom Gas Arbeit aufgenommen, es vergrößert sich das Arbeitsvermögen und steht dann für weitere Prozessvorgänge zur Verfügung, z. B. zum Pumpen von Wärme (vgl. Kapitel 11).

Kapitelzusammenfassung

!

Zustandsänderung des idealen Gases

Thermische Zustandsgleichung	$p\,V = n\,R\,T = m\,R'\,T$
Differenz der Wärmekapazitäten	$R' = c_p - c_V$
Kalorische Zustandsgleichung	$U = m\,c_V\,T$
Amontons'sches/2. Gay-Lussac'sches Gesetz	$\dfrac{p}{T} = \dfrac{p_0}{T_0} = \text{const.}$
Boyle-Mariotte'sches Gesetz	$p\,V = p_0\,V_0 = \text{const.}$
Allgemeines Gasgesetz	$\dfrac{pV}{T} = \dfrac{p_0 V_0}{T_0} = \text{const.}$
Adiabatische Zustandsänderung	$p\,V^\kappa = p_0\,V_0^\kappa = \text{const.}$
Adiabatenexponent	$\kappa = \dfrac{c_p}{c_V}$
Volumenarbeit	$W = -\displaystyle\int p\,dV$

https://doi.org/10.1515/9783111331577-012

10.1 Formulierungen des Ersten Hauptsatzes

Als einer der ersten Wissenschaftler formulierte Julius Robert Mayer im Jahr 1820 den **Ersten Hauptsatz der Thermodynamik** als festes Verhältnis von verrichteter Volumenarbeit W und aufgewandter Wärmemenge Q. Seitdem wurden mehrere Varianten dieses **Energieerhaltungssatzes** sowohl allgemein als auch für spezielle Fälle formuliert und bilden in den jeweiligen Fachdisziplinen eine Grundlage. Eine ähnlich orientierte ingenieurtechnische Formulierung besagt:

> **Erster Hauptsatz der Thermodynamik nach Mayer**
> Es ist nicht möglich, eine Maschine zu konstruieren, die Arbeit verrichtet, ohne Energie aus einer äußeren Quelle zu schöpfen.

Physikalisch wird die thermodynamische Energiebilanz mit **der Zustandsgröße der inneren Energie** U eines geschlossenen Systems (vgl. Abschnitt 9.1), z. B. eine konstante Menge n eines idealen Gases, verknüpft. Die innere Energie kann dabei als gesamter Energievorrat des Systems, bestehend aus kinetischen als auch potentiellen Anteilen, z. B. der Gasmoleküle, betrachtet werden. U kann hierbei durch Austausch von Wärme und mechanischer Arbeit über die Systemgrenzen hinweg verändert werden (Abb. 10.1). Es sei an dieser Stelle noch einmal an die Definition eines offenen (Energie- und Teilchenaustausch möglich), geschlossenen (nur Energieaustausch möglich) und abgeschlossenen Systems (kein Energie- und Teilchenaustausch möglich) im Band *Mechanik*, Kapitel 5 erinnert.

Wärme Q $U + \Delta U$ **Arbeit** W

Abb. 10.1: Änderung der inneren Energie U eines geschlossenen Systems durch die Prozessgrößen Wärme Q und mechanische Arbeit W.

In der mathematischen Beschreibung bzw. Bilanzierung sollen die **Vorzeichen** für die von außen eingebrachten Energieflüsse als positiv festgelegt sein, wenn dadurch die innere Energie steigt, also $\Delta U > 0$, zum einen durch zugeführte Wärme $\delta Q > 0$ und zum anderen durch am System verrichtete Arbeit $\delta W > 0$. Da es sich bei der Wärme und der Arbeit um **Prozessgrößen** handelt, diese also vom speziellen Weg im Zustandsdiagramm abhängig sind und nicht einen festen wegunabhängigen Systemzustand charakterisieren, wird zur qualitativ differenzierten Kennzeichnung bei den infinitesimalen Änderungen ein kleines griechisches Delta δ (anstatt des bisher verwendeten d, vgl. Differentialquotient im Band *Mechanik*, Kapitel 2) genutzt. Das δ weist also immer darauf hin, dass kleinste Änderungen der betreffenden Prozessgröße (z. B. kleinste Wärmemengen oder Arbeitsportionen) nicht absolut gelten bzw. nicht allein vom Anfang- und Endzustand, sondern vom Verlauf der Zustandsgrößen während des infinitesimalen Prozessschritts abhängen. Diese Prozessflexibilität führt auf den Kern der thermodynamischen Energiewandlung.

> **Erster Hauptsatz der Thermodynamik (allgemein)**
> Der **Erste Hauptsatz der Thermodynamik** besagt, dass die Summe der einem geschlossenen System zugeführten Wärme δQ und Arbeit δW gleich der Änderung der inneren Energie dU ist:
>
> $$\boxed{dU = \delta Q + \delta W}$$ (10.1)

10.2 Erster Hauptsatz für das ideale Gas

Betrachtet wird wieder eine feste Stoffmenge n eines idealen Gases, die sich in einem Gefäß mit beweglichem Kolben befindet. Da die innere Energie eine Zustandsgröße ist (gemäß der Zustandsgleichungen eindeutig durch den Zustand des Systems festgelegt, so wie auch p, V und T), haben Zustandsänderungen zwischen zwei Zuständen immer die gleiche Änderung der inneren Energie ΔU zur Folge, unabhängig vom Weg, auf dem diese erfolgt sind. Andernfalls würde ein aus zwei Wegen unterschiedlicher Energieänderungen ΔU_1 und ΔU_2 konstruierter Kreisprozess zur effektiven Gewinnung von innerer Energie führen. So ein unter den Aspekten der Energieerhaltung nicht realisierbarer Kreisprozess, den man auch **Perpetuum Mobile 1. Art** nennt, könnte periodisch mechanische Arbeit bereitstellen und von selbst wieder in den Ausgangszustand zurückkehren.

Aus den bereits in Kapitel 9 für das ideale Gas aufgeführten Zusammenhängen Gl. (9.2), (9.3) und (9.12) können nun Arbeits- und Wärmezufuhr weiter quantifiziert werden:

$$m\,c_V\,dT = \delta Q - p\,dV$$ (10.2)

$$\delta Q = m\,c_V\,dT + m\,R'\,T\frac{dV}{V}$$ (10.3)

Man erkennt aus dieser Formulierung auch, dass eine Wärmezufuhr für isochore Prozesse, also $dV = 0$ ohne Volumenarbeit, vollständig in innere Energie umgewandelt wird ($\delta Q \rightarrow dQ$).

Da bei **Kreisprozessen** nach einer vollen Periode der Endzustand dem Ausgangszustand entspricht und sich somit die innere Energie nicht ändert, also $\Delta U = 0$ ist, wird bilanziell Wärme in mechanische Arbeit umgewandelt oder umgekehrt:

$$\Delta Q = -\Delta W \qquad\qquad (10.4)$$

Dieses Kernprinzip der thermodynamischen Energiewandlung wird im folgenden Kapitel 11 für die Wärmekraftmaschine und die Wärmepumpe technisch genutzt (vgl. Abb. 11.4 links bzw. rechts).

10.2.1 Volumenunabhängigkeit der inneren Energie

Im sogenannten **Gay-Lussac-Versuch** wird die Abhängigkeit der inneren Energie von den Zustandsvariablen T und V untersucht. Dabei werden zwei baugleiche Gasflaschen mit gleichen Wärmekapazitäten C über ein Ventil miteinander verbunden (Abb. 10.2). Die Volumina der Gase sind somit festgelegt, $V_1 = V_2$. Die erste Flasche wird unter hohem Druck p_1 gefüllt, die zweite Flasche wird bis auf Vakuum $p_2 \approx 0$ leer gepumpt. An beiden Gasflaschen wird zudem mittels Thermoelementen die Temperatur überwacht. Nun wird das Ventil geöffnet und es findet ein Druckausgleich statt. Die Temperaturmessung ergibt, dass der Temperaturabfall ΔT an der ersten, vorher gefüllten Flasche betragsmäßig gleich dem Temperaturanstieg an der zweiten, vorher leeren Flasche ist.

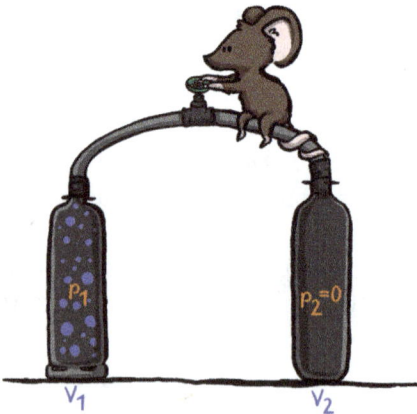

Abb. 10.2: Versuch nach Gay-Lussac zur Unabhängigkeit der inneren Energie vom Volumen des Gases.

Die Auswertung dieser Beobachtung kann nun mittels des Ersten Hauptsatzes der Thermodynamik erfolgen. Die Stoffmenge n des eingeschlossenen Gases hat sich nicht geändert und es wurde in der kurzen Prozessführung auch keine Wärme von außen in das System gebracht. Ein Wärmeübertrag findet also nur zwischen den Flaschen statt und die beim Temperaturabfall abgegebene Wärme der ersten Flasche $Q_1 = C\Delta T$ wurde vollständig von der zweiten Flasche $Q_2 = C\Delta T$ aufgenommen. Im Ergebnis hat das Gas also keine Wärme aufgenommen und $\delta Q = 0$. Ferner wurde auch keine Volumenarbeit mit der Umgebung ausgetauscht, also $\delta W = 0$, da die starren Wände der Flaschen eine

Ausdehnung des Gases verhindern. Damit ist nach dem Ersten Hauptsatz der Thermodynamik Gl. (10.1) auch die innere Energie des Gases beim Prozess unverändert geblieben. Die innere Energie ist also unabhängig vom Volumen. Auch intern zwischen den beiden Teilsystemen wurde bei der Gasexpansion keine Volumenarbeit verrichtet, da durch Flasche 2 aufgrund des Vakuums kein Gegendruck existierte. Gemäß der thermischen Zustandsgleichung hat sich durch Verdopplung des Volumens der Druck halbiert, die Temperatur und die innere Energie sind bei dem Prozess jedoch konstant geblieben. Es kann geschlussfolgert werden, dass die innere Energie von Gasen unabhängig vom Volumen ist und allein von der Temperatur des Gases abhängt, also $U = U(T)$ gilt, wie bereits in der kalorischen Zustandsgleichung Gl. (9.3) postuliert wurde.

10.2.2 Spezifische Wärmekapazität und Prozessführung

Mit dem bisherigen Befund kann nun auch der **Zusammenhang der Wärmekapazitäten** c_p und c_V gezeigt werden. Experimentell ist belegt, dass die für eine Temperaturerhöhung dT erforderliche Wärmemenge δQ von der Prozessführung abhängt und deshalb die spezifische Wärmekapazität c spezifiziert werden muss:

$$\delta Q = m\,c\,dT = \begin{cases} c_V \text{ bei } V = \text{const. } (dV = 0 \text{ dann auch } \delta W = 0) \\ c_p \text{ bei } p = \text{const. } (\delta W = -p\,dV < 0 \text{ durch Volumenexpansion}) \end{cases}$$

$$(10.5)$$

Zur Beschreibung der Energieflüsse der isobaren Prozessführung kann nun wieder der Erste Hauptsatz der Thermodynamik, Gl. (10.2) zur Hilfe genommen werden, wobei die Volumenarbeit mittels Ableitung der thermischen Zustandsgleichung Gl. (9.2):

$$p\,dV + V\,dp = m\,R'\,dT \tag{10.6}$$

rein temperaturabhängig geschrieben werden kann:

$$dU = m\,c_V\,dT = m\,c_p\,dT - p\,dV \underset{dp=0}{=} m\,c_p\,dT - m\,R'\,dT \tag{10.7}$$

Damit ergibt sich nach Ausklammern von m und dT die Differenz der spezifischen Wärmekapazitäten zu:

$$c_p - c_V = R' \tag{10.8}$$

Die spezifische Wärmekapazität für die isobare Prozessführung ist somit immer um die spezielle Gaskonstante R' größer als für die isochore. Dieser Teil der zugeführten Wärme wird bei gleicher Temperaturerhöhung durch die Expansion des Gases stetig als Volumenarbeit an die Umgebung abgegeben.

! **Beispiel.** *Wärmekapazitätendifferenz für das Edelgas Xenon*

$$c_p = 0{,}158 \, \text{kJ} \, \text{kg}^{-1} \text{K}^{-1}, \quad c_V = 0{,}0946 \, \text{kJ} \, \text{kg}^{-1} \text{K}^{-1} \tag{10.9}$$

$$c_p - c_V = 0{,}0634 \, \text{kJ} \, \text{kg}^{-1} \text{K}^{-1} \tag{10.10}$$

$$R' = \frac{R}{M} = \frac{8{,}3145 \, \text{J} \, \text{mol}^{-1} \text{K}^{-1}}{131{,}293 \, \text{g} \, \text{mol}^{-1}} = 0{,}0633 \, \text{kJ} \, \text{kg}^{-1} \text{K}^{-1} \tag{10.11}$$

Hierbei ist M die molare Masse des Xenon-Gases. Die Übereinstimmung der Differenz der spezifischen Wärmekapazitäten Gl. (10.10) mit der speziellen Gaskonstante (10.11) wird für das Edelgas Xenon als beinahe ideales Gas sehr gut erreicht.

10.3 Anwendung auf Zustandsänderungen idealer Gase

Für die in Abschnitt 9.2 bereits kennengelernten Zustandsänderungen können mithilfe des Ersten Hauptsatzes der Thermodynamik spezielle mathematische Zusammenhänge für feste Nebenbedingungen formuliert werden.

- **Isobare:** $p = $ const., $dp = 0$

$$Q = m \, c_p \, (T_2 - T_1) = m \, c_V \, (T_2 - T_1) + p(V_2 - V_1) \tag{10.12}$$

Die zugeführte Wärme wird teilweise zur Erhöhung der inneren Energie und teilweise zur Abgabe von Volumenarbeit aufgewandt.

- **Isochore:** $V = $ const., $dV = 0$, und somit auch $W = -\int p \, dV = 0$

$$Q = \Delta U = m \, c_V \, (T_2 - T_1) \tag{10.13}$$

Die zugeführte Wärme wird vollständig für die Änderung der inneren Energie des Gases verwendet.

- **Isotherme:** $T = $ const., $dT = 0$, und somit auch $U = $ const., $dU = 0$, und $p_1 V_1 = p_2 V_2$

$$Q = -W \underset{(10.3)}{=} m R' \, T \ln \frac{V_2}{V_1} = m R' \, T \ln \frac{p_1}{p_2} \tag{10.14}$$

Die zugeführte Wärme wird vollständig in mechanische Arbeit umgewandelt.

- **Adiabate:** $Q = $ const., $\delta Q = 0$, und Adiabatenexponent $\kappa = c_p/c_V$ (Abschnitt 9.2)

$$W = \Delta U = m \, c_V \, (T_2 - T_1) \tag{10.15}$$

$$p \cdot V^\kappa = \text{const.}, \quad T \cdot V^{\kappa-1} = \text{const.}, \quad \frac{T^\kappa}{p^{\kappa-1}} = \text{const.} \tag{10.16}$$

Durch ideale Isolation bzw. schnelle Prozessführung wird keine Wärme übertragen. Abgegebene Arbeit wird allein durch die innere Energie aufgebracht.

10.4 Kinetische Gastheorie

Die **kinetische Gastheorie** beschreibt die Thermodynamik mikroskopisch als Bewegung von Teilchen oder Molekülen und bildet damit einen Anschluss an die klassische Mechanik. Über die Mittelwerte der mikroskopischen Größen werden dann die makroskopischen Größen p, V, T verknüpft. Für ideale Gase ohne Eigenvolumen und damit ohne Rotationsfreiheitsgrade (vgl. Band *Mechanik*, Abschnitt 6.1) der Teilchen haben diese nur kinetische Energie. Damit kann die innere Energie aus der atomistischen Bewegung hergeleitet werden.

Als Einstieg wird der **Gasdruck** p betrachtet, der durch Teilchenstöße auf die Wände eines Gefäßes entsteht (Abb. 10.3). Z Teilchen der Masse μ mit Geschwindigkeit v werden elastisch an der Wand reflektiert (für inelastische Prozesse würde das Gas zusätzlich Volumenarbeit durch Verschiebung der Wände austauschen), wobei aufgrund des großen Massenunterschieds gilt, dass der auf die Wand gerichtete Impulsanteil p_x der Teilchen sich bei gleichbleibendem Betrag in der Richtung umkehrt $p'_x = -p_x$ bzw.:

$$|\Delta p_x| = 2\mu\, v_x \tag{10.17}$$

Für Teilchen derselben Geschwindigkeit v stoßen bei Gleichverteilung der Richtungen in alle sechs Raumrichtungen (x, y, z jeweils + und −) ein Anteil von 1/6 der Teilchen an eine beliebige Wand. Pro Zeit Δt erreichen nur die Teilchen innerhalb der Einzugszone der Breite $v_x \Delta t$ vor der Wand die Fläche A der Wand. Es gibt also bei einer Teilchendichte $\mathcal{V}$ gerade:

$$Z = \frac{\mathcal{V}}{6}\, v_x\, \Delta t\, A \tag{10.18}$$

Stöße bzw. Impulsüberträge auf die Wand. Der Gesamtimpuls $\Delta p_{x,\text{ges}}$ auf die Wand pro Zeit Δt beträgt demnach:

$$\frac{\Delta p_{x,\text{ges}}}{\Delta t} = \frac{Z \cdot 2\mu\, v_x}{\Delta t} = \frac{\mathcal{V}}{3} A \cdot \mu\, v_x^2 \tag{10.19}$$

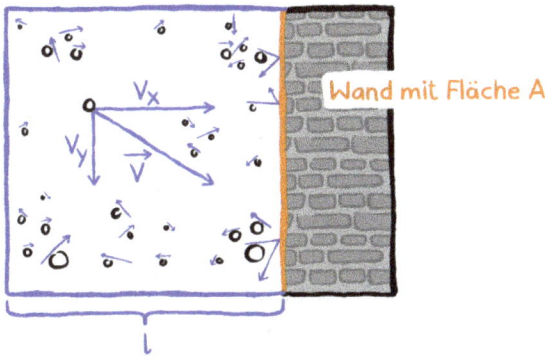

Abb. 10.3: Druck als Impulsübertrag elastischer Stöße von Gasteilchen auf eine Wand.

Der Impulsübertrag pro Zeit kennzeichnet gleichzeitig die Druckkraft F auf die Wand, sodass sich direkt auch der Druck p angeben lässt:

$$p = \frac{F}{A} = \frac{\Delta p_{x,\text{ges}}}{\Delta t}\frac{1}{A} = \frac{\mathcal{V}}{3} \cdot \mu\, v_x^2 \tag{10.20}$$

Das Produkt aus Teilchendichte $\mathcal{V} = N/V$ und Teilchenmasse μ lässt sich auch als Massendichte ρ schreiben. Ferner ist die Geschwindigkeitsverteilung der Gasteilchen im hier beschriebenen Modell stark vereinfacht betrachtet, da in der Realität weder die Beträge alle gleich sein noch die Richtungen streng parallel oder senkrecht zu den Wandflächen verlaufen müssen. Deshalb wird im Folgenden v_x^2 durch den Mittelwert $\overline{v^2}$ der Quadrate aller vorkommenden Geschwindigkeiten ersetzt. Mit der Gesamtmasse $m = N\mu$ und dem Volumen V des Gases folgt für den Druck:

$$p \cdot V = m\,\frac{\overline{v^2}}{3} = N \cdot \frac{2}{3} \cdot \underbrace{\frac{\mu\,\overline{v^2}}{2}}_{\overline{E_{\text{kin}}}} \tag{10.21}$$

Nach dem Gesetz von Boyle-Mariotte ist für eine konstante Temperatur das Produkt $p \cdot V$ auch konstant. Aus dem kinetischen Gasmodell folgt nun, dass für $p \cdot V =$ const. auch die **mittlere kinetische Energie** $\overline{E_{\text{kin}}}$ der Teilchen konstant sein muss. Demnach ist die **Temperatur ein Maß für die mittlere kinetische Energie der Teilchen**. Die Summe aller kinetischen Energien ist für das ideale Gas zugleich die innere Energie U, da keine Rotationen und Wechselwirkungen betrachtet werden. In der Realität ergeben sich unter Hinzunahme dieser zusätzlichen Freiheitsgrade deutliche Unterschiede des Energiespeichervermögens, woraus sich die hohe Wärmekapazität des Wassers ergibt. Grundlegend findet sich auch der Versuch von Gay-Lussac in der kinetischen Gastheorie bestätigt. Die innere Energie hängt nur von der Temperatur, nicht aber vom Volumen ab, $U = U(T)$.

Vergleicht man ferner Gl. (10.21) mit der thermischen Zustandsgleichung Gl. (9.2), so ergibt sich ein weiterer Zusammenhang zwischen mikroskopischer und makroskopischer Betrachtung. Bei einer Stoffmenge $n = 1\,$mol bzw. Teilchenzahl $N = N_A$ mol kann die kinetische Energie umgeschrieben werden:

$$\frac{2}{3}N \cdot \overline{E_{\text{kin}}} = n \cdot R\,T \tag{10.22}$$

$$\overline{E_{\text{kin}}} = \frac{3}{2}\frac{R}{N_A}\,T = \frac{3}{2}k_B\,T \tag{10.23}$$

Der Quotient R/N_A ergibt die bereits eingeführte Boltzmann-Konstante k_B mit der Einheit $\text{J\,K}^{-1}$ einer Wärmekapazität und ist unabhängig von der Teilchensorte bzw. Teilchenmasse. Das ist ein fundamentaler Zusammenhang zwischen kinetischer Energie und Temperatur bzw. thermischer Energie eines Systems, und damit der über die

Boltzmann-Konstante k_B gegebenen Wärmekapazität pro Freiheitsgrad. Die Teilchen können sich in drei Raumrichtungen bewegen und haben damit drei Freiheitsgrade der Translation. Jeder Freiheitsgrad besitzt die thermische Energie $\frac{1}{2}k_B T$. Bei zusätzlichen Freiheitsgraden f, z. B. Rotations- oder Streckschwingungen für Moleküle, kann entsprechend mehr Energie aufgenommen werden. Damit steigt auch die Wärmekapazität pro Teilchen:

$$U = N \cdot \frac{f}{2} k_B T = m\, c_V\, T \qquad (10.24)$$

$$c_V = \frac{f}{2} \frac{k_B N}{m} = \frac{f}{2} R' \quad \text{mit:} \quad R' = k_B\, \mu \qquad (10.25)$$

Beispiel. *Spezifische Größen für das Edelgas Xenon*

Xenon besteht als Edelgas nur aus einatomigen Teilchen und hat keine Rotationsfreiheitsgrade, nur drei Translationsfreiheitsgrade, äquivalent zu einem idealen Gas:

$$c_V = 0{,}0946\,\text{kJ}\,\text{kg}^{-1}\,\text{K}^{-1}, \quad R' = 0{,}0633\,\text{kJ}\,\text{kg}^{-1}\,\text{K}^{-1} \qquad (10.26)$$

$$\frac{c_V}{R'} = 1{,}4945 \approx \frac{3}{2} \qquad (10.27)$$

Für die Spezialisten: Im kristallinen Festkörper führen die Atome kollektive Schwingungen aus, die sogenannten **Phononen**. Jede Phononenmode ist ein Schwingungsfreiheitsgrad und kann thermische Energie aufnehmen. Je nachdem wie hoch die Temperatur des Festkörpers ist, werden diese nach der sogenannten Bose-Einstein-Verteilung besetzt (Phononen sind Bosonen und damit ununterscheidbare Quantenteilchen).

Kapitelzusammenfassung

!

Erster Hauptsatz der Thermodynamik

Energiesatz
$$dU = \delta Q + \delta W$$

    ideales Gas
$$\delta Q = m\,c_V\,dT + m\,R'\,T\frac{dV}{V}$$

Kreisprozess
$$Q = -W$$

Zustandsänderungen

    Isobare
$$Q = m\,c_p\,(T_2 - T_1) = m\,c_V\,(T_2 - T_1) + p(V_2 - V_1),$$
$$c_p - c_V = R'$$

    Isochore
$$Q = \Delta U = m\,c_V\,(T_2 - T_1)$$

    Isotherme
$$Q = -W = m\,R'\,T\ln\frac{V_2}{V_1} = m\,R'\,T\ln\frac{p_1}{p_2}$$

    Adiabate
$$W = \Delta U = m\,c_V\,(T_2 - T_1)$$
$$p \cdot V^{\kappa} = \text{const.}, \quad T \cdot V^{\kappa-1} = \text{const.}, \quad \frac{T^{\kappa}}{p^{\kappa-1}} = \text{const.}$$

Kinetische Gastheorie

Mittlere kinetische Energie
eines Teilchens
$$\overline{E_{\text{kin}}} = \frac{3}{2}k_B\,T, \quad \overline{E_{\text{kin}}} = \frac{f}{2}k_B\,T$$

Innere Energie
$$U = N \cdot \frac{f}{2}k_B\,T = m\,c_V\,T, \quad c_V = \frac{f}{2}R'$$

11 Zweiter Hauptsatz der Thermodynamik

https://doi.org/10.1515/9783111331577-013

Der Erste Hauptsatz ist der Energieerhaltungssatz für die Thermodynamik. Der Zweite Hauptsatz legt zudem die Richtung von selbst ablaufenden Vorgängen bzw. Prozessen fest, die nur hin zum thermodynamischen Gleichgewicht ablaufen können. Ein System bewegt sich nicht von selbst gegen eine wirkende Kraft und erhöht dabei seine potentielle Energie, auch wenn dies im Rahmen der Energieerhaltung bzw. des Ersten Hauptsatzes (unter gleichzeitiger Verminderung der kinetischen Energie bzw. Abkühlung) möglich wäre. Das ist wie mit einer Kugel auf der geneigten Ebene, welche die durch Reibung an die Umgebung abgegebene Wärme nicht nutzen kann, um wieder von allein den Berg hinaufzurollen. Die weitere Diskussion zeigt damit zugleich die Richtung des Ablaufes der Zeit.

11.1 Carnot'scher Kreisprozess

Als Ausgangspunkt für den sogenannten **Carnot'schen Kreisprozess** dient die Vorstellung einer periodisch arbeitenden Wärmekraftmaschine. Die Menge des erforderlichen Arbeitsgases, welches ohne Reibungsverluste als ideales Gas beschrieben wird, sei konstant und zwischen zwei Wärmereservoirs hoher und niedriger Temperatur T_1 und T_2 verschiebbar. Der Kreisprozess soll vollständig wärmeisoliert und reversibel über isotherme und adiabatische Zustandsänderungen geführt werden, wobei die Diskussion der Gleichgewichtszustände (also definierte p-, V- und T-Verhältnisse) über das Zustandsdiagramm (Abb. 11.1) erfolgt.

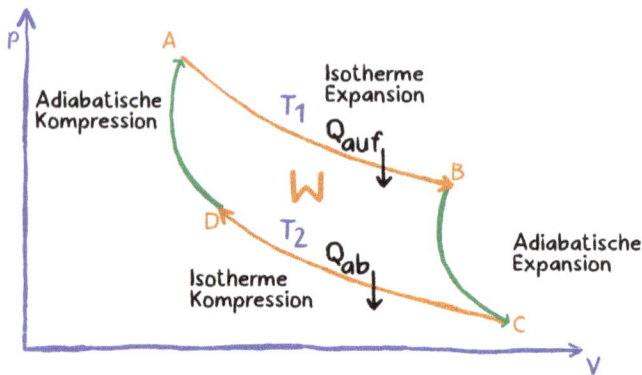

Abb. 11.1: Carnot'scher Kreisprozess bestehend aus isothermen und adiabatischen Zustandsänderungen.

–   **Isotherme Zustandsänderungen** (T = const., ΔU = 0):
    Im kinetischen Gasmodell wird an einem Punkt A hohen Drucks und hoher Temperatur im Zustandsdiagramm dem Gas die Möglichkeit der Expansion zum Punkt B eingeräumt (z. B. durch Lösen einer Fixierung oder anderweitiger Freiheit in der Bewegung eines Kolbens). Das Gas verrichtet aufgrund des Überdrucks Arbeit und

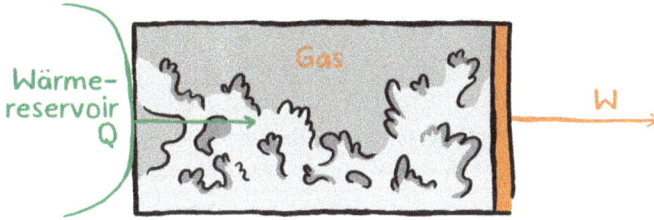

Abb. 11.2: Isotherme Zustandsänderung.

gibt Volumenarbeit W_{AB} beim Impulsübertrag an den Wänden ab (Abb. 11.2). Die infinitesimale Verringerung der kinetischen Energie wird jedoch sofort durch Wärmezugabe $Q_{zu} = Q_{AB}$ über den Kontakt zum Wärmereservoir hoher Temperatur ausgeglichen, sodass im Mittel die Temperatur und die kinetische Energie konstant bleiben. Da Wärme aufgenommen bzw. Begrenzungen gegen eine Kraft nach außen verschoben werden, sind die Stöße in beiden Fällen inelastisch, also mit einem Energieübertrag versehen. Der umgekehrte Prozess findet zwischen den Zuständen C und D unter Abgabe von Wärme $Q_{ab} = |Q_{CD}|$ statt:

$$Q_{AB} = -W_{AB} = m R' T_1 \ln \frac{V_B}{V_A} > 0 \tag{11.1}$$

$$Q_{CD} = -W_{CD} = m R' T_2 \ln \frac{V_D}{V_C} < 0 \tag{11.2}$$

– **Adiabatische Zustandsänderungen** ($Q = 0$):
Die weitere adiabatische Entspannung des Gases von B nach C wird ohne Wärmezufuhr aufgrund eines Überdrucks allein durch Abnahme der mittleren kinetischen Energie der Teilchen bzw. inneren Energie ΔU_{BC} und Temperatur des Gases unter Abgabe von Volumenarbeit W_{BC} bei thermischer Isolation geleistet (Abb. 11.3). Der umgekehrte Prozess findet zwischen den Zuständen D und A statt:

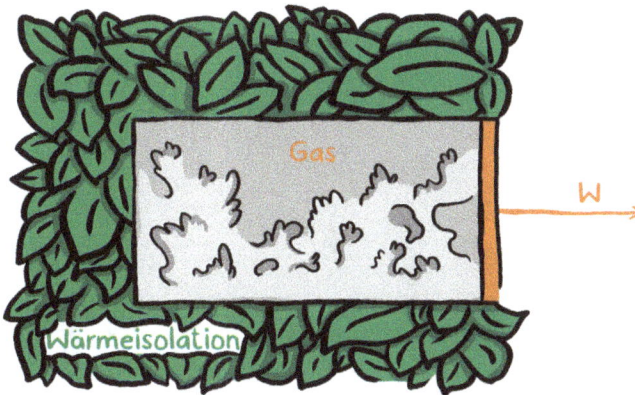

Abb. 11.3: Adiabatische Zustandsänderung.

$$W_{BC} = \Delta U_{BC} = m\,c_V\,(T_2 - T_1) < 0 \tag{11.3}$$

$$W_{DA} = \Delta U_{DA} = m\,c_V\,(T_1 - T_2) > 0 \tag{11.4}$$

Sind minimales Volumen V_A und maximales Volumen V_C über die Dimensionierung der Wärmekraftmaschine festgelegt, so ergeben sich V_B und V_D über die Temperaturen T_1 (hoch) und T_2 (tief) der Wärmereservoirs mit Gl. (10.16) und Adiabatenexponent κ:

$$T_1 \cdot V_B^{\kappa-1} = T_2 \cdot V_C^{\kappa-1} \qquad \frac{T_1}{T_2} = \left(\frac{V_C}{V_B}\right)^{\kappa-1} \tag{11.5}$$

$$T_2 \cdot V_D^{\kappa-1} = T_1 \cdot V_A^{\kappa-1} \qquad \frac{T_2}{T_1} = \left(\frac{V_A}{V_D}\right)^{\kappa-1} \tag{11.6}$$

$$\text{mit} \quad \frac{V_A}{V_B} = \frac{V_D}{V_C} \tag{11.7}$$

11.1.1 Wirkungsgrad des Carnot'schen Kreisprozesses

Für die pro Umlauf des Carnot'schen Kreisprozesses umgesetzten mechanischen Arbeiten W_i gilt gemäß Gl. (11.1) bis (11.4):

$$W_{AB} = -m\,R'\,T_1\,\ln\frac{V_B}{V_A} < 0 \tag{11.8}$$

$$W_{BC} = \Delta U = m\,c_V\,(T_2 - T_1) < 0 \tag{11.9}$$

$$W_{CD} = -m\,R'\,T_2\,\ln\frac{V_D}{V_C} > 0 \tag{11.10}$$

$$W_{DA} = \Delta U = m\,c_V\,(T_1 - T_2) > 0 \tag{11.11}$$

Da die Volumenarbeiten der Adiabaten sich aufheben ($W_{BC} = -W_{DA}$), ist der Nettoumsatz der Energiebilanz mit $Q_{ges} = -W_{ges}$ und $\frac{V_B}{V_A} = \frac{V_C}{V_D}$ (Gl. (11.7)) pro Umlauf gegeben durch:

$$Q_{AB} + Q_{CD} = m\,R'\,T_1\,\ln\frac{V_B}{V_A} + m\,R'\,T_2\,\ln\frac{V_D}{V_C} \tag{11.12}$$

$$Q_{ges} = m\,R'\left(T_1\,\ln\frac{V_B}{V_A} - T_2\,\ln\frac{V_C}{V_D}\right) \tag{11.13}$$

$$|W_{ges}| = m\,R' \cdot (T_1 - T_2) \cdot \ln\frac{V_B}{V_A} > 0 \tag{11.14}$$

Die bei den isothermen Zustandsänderungen übertragene Nettowärmemenge Q_{ges} wird bei diesen Teilprozessen als effektive Volumenarbeitsdifferenz $|W_{ges}|$ durch die Wärmekraftmaschine abgegeben. Die Energiebeiträge der adiabatischen Volumenänderungen wirken sich netto nicht auf die Bilanz aus.

Nun kann der Wirkungsgrad des Carnot'schen Kreisprozesses als Verhältnis von Nutzen $|W_{ges}|$ und Aufwand, d. h. zugeführter Wärme, Q_{zu} ermittelt werden:

$$\boxed{\eta_c = \frac{\text{Nutzarbeit}}{\text{Energieaufwand}} = \frac{|W_{ges}|}{Q_{zu}}} \qquad (11.15)$$

$$\eta_c = \frac{m\,R' \cdot (T_1 - T_2) \cdot \ln\frac{V_B}{V_A}}{m\,R' \cdot T_1 \cdot \ln\frac{V_B}{V_A}} \qquad (11.16)$$

Damit ist der Wirkungsgrad des Carnot'schen Kreisprozesses allein durch den Temperaturunterschied zwischen heißem (T_1) und kaltem (T_2) Wärmereservoir im Verhältnis zur höheren Temperatur festgelegt. Nur ein Teil der Wärme kann in mechanische Arbeit umgewandelt werden:

$$\eta_c = \frac{T_1 - T_2}{T_1} = 1 - \frac{T_2}{T_1} < 1 \qquad (11.17)$$

Dies ist der Grund dafür, dass für thermodynamische Prozesse optimalerweise sehr hohe Temperaturen T_1 in Verbindung mit einer Kühlung, d. h. niedrigen Temperaturen T_2, angestrebt werden.

Beispiel. *Kohlekraftwerk mit Dampftemperatur $\vartheta_1 = 600\,°C$ auf die Wassertemperatur* !
$\vartheta_2 = 25\,°C$ eines Flusses

$$\eta_c = \frac{873\,\text{K} - 298\,\text{K}}{873\,\text{K}} = \frac{575\,\text{K}}{873\,\text{K}} \qquad (11.18)$$

$$\approx 0{,}66 = 66\,\% \qquad (11.19)$$

Moderne Kraftwerke erreichen bei dieser Temperaturdifferenz reale Wirkungsgrade um die 40 %.

11.1.2 Wärmepumpe und Kältemaschine

Der Carnot'sche Kreisprozess kann auch in entgegengesetztem Umlaufsinn durchlaufen werden, dann wird mechanische Energie netto in den Prozess eingebracht und ein Wärmefluss bewirkt bzw. ein Temperaturunterschied aufgebaut.

Zur Berechnung des Wirkungsgrades der **Wärmepumpe** wird wieder Nutzen, also die zum Heizen des wärmeren Teilsystems mit Temperatur T_1 gepumpte Wärmemenge $Q_{ab} = Q_1$, im Verhältnis zum Aufwand, bzw. der investierten mechanischen Arbeit W, angesetzt. Die Energieflüsse sind in Abb. 11.4 dargestellt. Das sogenannte Leistungsverhältnis ϵ_{WP} der Wärmepumpe ist demnach der Quotient:

$$\epsilon_{WP} = \frac{Q_{ab}}{W} = \frac{T_1}{T_1 - T_2} \qquad (11.20)$$

Wärmekraftmaschine

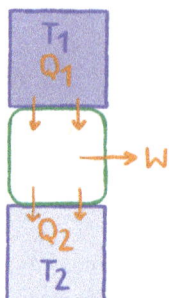

Wärmepumpe

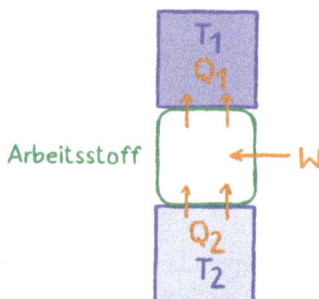

Abb. 11.4: Energieflüsse bei der Wärmekraftmaschine mit Abgabe und der Wärme- oder Kältepumpe mit Aufnahme von mechanischer Arbeit W durch den Arbeitsstoff (Gas) unter Wärmeaustausch Q_1 und Q_2 mit heißem (T_1) und kaltem Wärmereservoir (T_2).

! **Beispiel.** *Wärmepumpe mit Tiefenbohrung bei 50 m und $\vartheta_1 = 10\ °C$ auf Vorlauftemperatur $\vartheta_2 = 60\ °C$*

$$\epsilon_{WP} = \frac{333\ \text{K}}{333\ \text{K} - 283\ \text{K}} = \frac{333\ \text{K}}{50\ \text{K}} \approx 6{,}5 \tag{11.21}$$

Dieses Leistungsverhältnis entspricht bei einer mechanischen Leistung von 2 kW einer Heizleistung von 13 kW. Der Großteil der Heizleistung wird also als Wärmestrom dem kälteren Wärmereservoir entzogen und kühlt dieses weiter ab. Dies ist nur unter Zufuhr von mechanischer Energie in den Kreisprozess möglich.

Nach dem gleichen Prinzip arbeiten auch Kältemaschinen und kühlen dabei das Wärmereservoir niedriger Temperatur T_2 weiter ab. Analog ist für die **Kältemaschine** das Leistungsverhältnis ϵ_{KM} gegeben als Quotient aus der dem kälteren Teilsystem entzogenen Wärmemenge $Q_{zu} = Q_2$ (Nutzen) und der investierten mechanischen Arbeit W (Aufwand):

$$\epsilon_{KM} = \frac{Q_{zu}}{W} = \frac{T_2}{T_1 - T_2} = \epsilon_{WP} - 1 \tag{11.22}$$

! **Beispiel.** *Kältemaschine mit Außenluft $\vartheta_1 = 35\ °C$ auf Kühltemperatur $\vartheta_2 = 5\ °C$*

$$\epsilon_{KM} = \frac{278\ \text{K}}{308\ \text{K} - 278\ \text{K}} = \frac{278\ \text{K}}{30\ \text{K}} \approx 9 \tag{11.23}$$

Dieses Leistungsverhältnis entspricht nach idealem Carnot-Wirkungsgrad bei einer mechanischen Leistung von 800 W einer Kühlleistung von 7,2 kW.

11.2 Reversible und irreversible Vorgänge

Reversible Prozesse sind umkehrbar, wobei keinerlei Veränderungen am System zurückbleiben. **Irreversible Prozesse** weisen bleibende Veränderungen auf. Erfahrungstatsache aus realen Prozessen ist, dass durch Kopplungen vielseitiger Wechselwirkungen in der Natur nur Prozesse mit irreversiblen Anteilen existieren. Diese Anteile machen es z. B. unmöglich, Wärme vollständig in mechanische Arbeit umzuwandeln. Sobald dissipative Effekte bzw. Reibung oder Wärmeleitung aufgrund endlicher Temperaturdifferenz auftreten, sind Prozesse irreversibel. Alle Teilprozesse müssen für Reversibilität quasistatisch als Abfolge von Gleichgewichtszuständen ablaufen.

> **Satz von der Unmöglichkeit eines Perpetuum mobile 2. Art**
> Es gibt keine periodisch arbeitende Maschine, die nichts weiter leistet als einem Wärmespeicher Wärme zu entziehen und diese in mechanische Arbeit umzusetzen. Umgekehrt existiert kein Kreisprozess, dessen einzige Wirkung darin besteht, Wärme von einem kälteren Reservoir zu einem wärmeren Reservoir zu transportieren.

Der Wirkungsgrad η_{rev} einer **reversibel** zwischen zwei Wärmespeichern mit den Temperaturen T_1 und T_2 arbeitenden Wärmekraftmaschine ist gleich dem des Carnot-Prozesses. Irreversible Anteile führen zur Absenkung des Wirkungsgrades auf η_{irr}. Mit $T_1 > T_2$ gilt:

$$\eta_{\text{irr}} < \eta_{\text{rev}} = \frac{T_1 - T_2}{T_1} \tag{11.24}$$

Mit dieser Erkenntnis wird nun wieder Bezug genommen auf die aufgenommenen und abgegebenen Wärmemengen Q_{zu} und Q_{ab} und ein Kreisprozess zwischen zwei Wärmebehältern betrachtet, mit Wirkungsgrad:

$$\eta = \frac{|W_{\text{ges}}|}{Q_{\text{zu}}} = \frac{Q_{\text{zu}} - Q_{\text{ab}}}{Q_{\text{zu}}} \leq \frac{T_1 - T_2}{T_1} \tag{11.25}$$

$$1 - \frac{Q_{\text{ab}}}{Q_{\text{zu}}} \leq 1 - \frac{T_2}{T_1} \tag{11.26}$$

Nach Umordnen der zueinander gehörenden Wärmemengen und Temperaturen an den Kontaktflächen der Reservoirs findet man, erweitert auf beliebig viele Wärmeströme Q_i in das und aus dem System bei negativer Bilanz von abgegebenen Wärmemengen die Ungleichung:

$$\frac{Q_{\text{ab}}}{T_2} \geq \frac{Q_{\text{zu}}}{T_1} \quad \text{bzw.} \quad \sum_i \frac{Q_i}{T_i} \leq 0 \tag{11.27}$$

Die Verhältnisse Q_i/T_i (ausgetauschte Wärmemengen Q_i an den entsprechenden System-grenzen zu den Temperaturen T_i, bei welchen der entsprechende Austausch stattfinden) werden **reduzierte Wärmemengen** genannt. Für die Bilanz kleiner Wärmeströme δQ entlang geschlossener Kreisläufe gilt demnach folgender Satz:

Zweiter Hauptsatz der Thermodynamik

Der **Zweite Hauptsatz der Thermodynamik** besagt, dass die Summe der bei den Temperaturen T_i mit äußeren Wärmereservoirs ausgetauschten infinitesimalen re-duzierten Wärmemengen für **reversible Kreisprozesse gleich** und für **irreversible kleiner null** ist:

$$\oint \frac{\delta Q}{T} \leq 0 \qquad (11.28)$$

Es wird also immer mehr reduzierte Wärme abgegeben als aufgenommen. Diesen Satz kann man über eine weitere Zustandsgröße elegant formulieren, die hier mit eingeführt werden soll.

Entropie

Die **Entropie** S ist eine weitere wichtige Zustandsgröße der Thermodynamik, und ein Maß für die Entartung (also mögliche Zustände gleicher Energie) bzw. Unordnung ei-nes Systems. Im thermodynamischen Gleichgewicht ist die Entropie maximal. Jede reversibel aufgenommene oder abgegebene reduzierte Wärmemenge entspricht ei-ner Entropieerhöhung oder -erniedrigung:

$$dS = \frac{\delta Q_{\text{rev}}}{T} \qquad (11.29)$$

$$[S] = 1\,\text{J}\,\text{K}^{-1}$$

Die Prozessgröße der Wärmemenge δQ_{rev} lässt sich somit, analog zur Volumenarbeit δW im p–V-Diagramm, sehr anschaulich im sogenannten T–S-Diagramm diskutieren. Dabei entspricht die reversibel transportierte Wärme $Q_{12} = \int_{S_1}^{S_2} T(S)\,dS$ der Fläche unter der Kurve $T(S)$ (Temperatur T in Abhängigkeit der Entropie S).

Um in einem System Entropie zu reduzieren, muss diese in gleichem oder größe-rem Maß an ein anderes System abgegeben werden. Insgesamt kann Entropie also nicht verschwinden. Damit ist in der Physik auch die Richtung der Zeit festgelegt. Irreversible bzw. spontan ablaufende Prozesse erzeugen zusätzliche Entropie. Prozesse, bei denen sich die Entropie nicht ändert, heißen **isentrop**. Ein reversibler adiabatischer Prozess ist immer isentrop. Die Umkehrung, dass ein isentroper Prozess immer adiabatisch ist, muss jedoch nicht gelten. Ein Gleichnis aus dem Leben kann das Prinzip der Entropie veranschaulichen: Ein Zimmer wird, ohne die Investition von Energie für das Aufräumen, immer unordentlicher. (Für die Spezialisten: Umgekehrt kann in Festkörpern die sogenannte kristalline, d. h. dreidimensional periodische Ordnung hervorgebracht und dementsprechend die Entropie abgesenkt werden, wenn das Gesamtsystem der Atome seine Energie, in diesem Falle durch das Eingehen von Bindungen zwischen den Atomen, erniedrigen kann.)

Mithilfe des Ersten Hauptsatzes der Thermodynamik lässt sich die Entropieänderung zwischen zwei Zuständen 1 und 2 für reversible Prozesse auch wie folgt schreiben:

$$dS = \frac{dU + p\,dV}{T} = m\,c_V\,\frac{dT}{T} + m\,R'\,\frac{dV}{V} \tag{11.30}$$

$$\Delta S = S_2 - S_1 = \int_1^2 \frac{\delta Q_{\text{rev}}}{T} \tag{11.31}$$

$$= m\,c_V\,\ln\frac{T_2}{T_1} + m\,R'\,\ln\frac{V_2}{V_1} \tag{11.32}$$

Durch Aufteilung eines Kreisprozesses mit irreversiblen Prozessen Q_{irr} in einen reversiblen und einen irreversiblen Prozessweg im p–V-Diagramm (Abb. 11.5) findet man eine weitere Formulierung des Zweiten Hauptsatzes der Thermodynamik:

$$\oint \frac{\delta Q}{T} = \int_1^2 \frac{\delta Q_{\text{irr}}}{T} + \int_2^1 \frac{\delta Q_{\text{rev}}}{T} < 0 \tag{11.33}$$

$$= \int_1^2 \frac{\delta Q_{\text{irr}}}{T} + (S_1 - S_2) < 0 \tag{11.34}$$

$$S_2 - S_1 > \int_1^2 \frac{\delta Q_{\text{irr}}}{T} \tag{11.35}$$

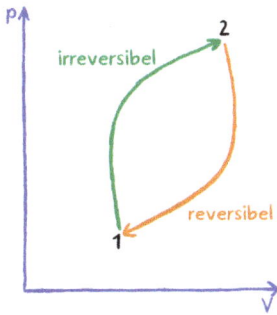

Abb. 11.5: Aufteilung in reversiblen und irreversiblen Anteil.

Bei einer beliebigen Zustandsänderung ist die Entropiedifferenz somit stets größer als die Summe der reduzierten Wärmemengen, bei reversiblen Vorgängen ist sie ihr gleich.

! **Beispiel.** *Freie Expansion eines Gases*

Für den Versuch von Gay-Lussac (Kapitel 10) berechnet sich bei $T = $ const. die Entropie-änderung gemäß Gl. (11.32) aus der Verdopplung des Gasvolumens V_0 zu:

$$\Delta S = m R' \ln \frac{2V_0}{V_0} = m R' \ln 2 > 0 \tag{11.36}$$

Die freie Expansion des Gases ist irreversibel, da sich das Gas nicht wieder von allein in die eine Flasche komprimieren wird.

Kapitelzusammenfassung

Zweiter Hauptsatz der Thermodynamik

Reversibilitätssatz

$$\oint \frac{\delta Q}{T} \leq 0, \quad \sum_i \frac{Q_i}{T_i} \leq 0$$

Carnot'scher Kreisprozess

    Wirkungsgrad

$$\eta_c = \frac{|W_{\text{ges}}|}{Q_{\text{zu}}} = \frac{Q_{\text{zu}} - Q_{\text{ab}}}{Q_{\text{zu}}} = \frac{T_1 - T_2}{T_1} < 1$$

    Leistungsverhältnis Wärmepumpe

$$\epsilon_{\text{WP}} = \frac{Q_{\text{ab}}}{W} = \frac{T_1}{T_1 - T_2}$$

    Leistungsverhältnis Kältemaschine

$$\epsilon_{\text{KM}} = \frac{Q_{\text{zu}}}{W} = \frac{T_2}{T_1 - T_2} = \epsilon_{\text{WP}} - 1$$

Entropieänderung

    reversibler Prozess

$$\Delta S = S_2 - S_1 = \int_1^2 \frac{\delta Q_{\text{rev}}}{T}$$

      ideales Gas

$$\Delta S = m\,c_V \ln \frac{T_2}{T_1} + m\,R' \ln \frac{V_2}{V_1}$$

      abgeschlossenes System

$$\Delta S = 0$$

    irreversibler Prozess

$$\Delta S > \int_1^2 \frac{\delta Q_{\text{irr}}}{T}$$

Literatur

[1] MEYER, Dirk-Carl (Hrsg.): *Unterlagen zur Vorlesung Physik fuer Naturwissenschaftler II*. TU Bergakademie Freiberg, 2016.

[2] LOEWENHAUPT, Michael (Hrsg.): *Unterlagen zur Vorlesung Experimentalphysik II*. TU Dresden, 2002.

[3] RECKNAGEL, Alfred: *Physik: Schwingungen und Wellen, Wärmelehre*. 16., durchges. Aufl. Verlag Technik, Berlin, 1990. – ISBN 9783341009825.

[4] RECKNAGEL, Alfred: *Physik: Elektrizität und Magnetismus*. 15., durchges. Aufl. Verlag Technik, Berlin, 1980. – ISBN 9783341008799.

[5] DEMTRÖDER, Wolfgang: *Experimentalphysik Band 1: Mechanik und Wärme*. 3. Aufl., Korr. Nachdruck Edition. Springer, Heidelberg, 2002. – ISBN 9783540435594.

[6] DEMTRÖDER, Wolfgang: *Experimentalphysik Band 2: Elektrizität und Optik*. 2., überarb. u. erw. Aufl. Springer, Heidelberg, 1999. – ISBN 9783540651963.

[7] GRIMSEHL, Ernst; SCHALLREUTER, Walter: *Lehrbuch der Physik Band 1: Mechanik, Akustik, Wärmelehre*. 27., neu bearbeitete Auflage. Teubner, Leipzig, 1977. – ISBN 9783322008121.

[8] GRIMSEHL, Ernst; GRADEWALD, Rudolf: *Lehrbuch der Physik Band 2: Elektrizitätslehre*. 19. Auf. Teubner, Leipzig, 1990. – ISBN 9783322007568.

[9] TIPLER, Paul A.; MOSCA, Gene: *Physik: für Studierende der Naturwissenschaften und Technik*. 8., korr. und erw. Aufl. Springer, Berlin Heidelberg, 2019. – ISBN 9783662582800.

[10] MESCHEDE, Dieter: *Gerthsen Physik*. 25. Aufl. Springer, Berlin Heidelberg, 2015. – ISBN 9783662459768.

[11] GREHN, Joachim; KRAUSE, Joachim: *Metzler Physik*. 4. Aufl. Bildungshaus Schulbuchverlage, 2008. – ISBN 9783507107106.

[12] MÜLLER, Peter: *Übungsbuch Physik: Grundlagen - Kontrollfragen - Beispiele - Aufgaben*. 10., neu bearb. Aufl. Fachbuchverl. Leipzig im Hanser-Verl., 2007. – ISBN 9783446407800.

[13] ZSCHORNAK, Matthias; MEYER, Dirk C.: *Klassische Mechanik Kapieren: Experimentalphysik*. 1. Aufl. Walter de Gruyter GmbH & Co KG, 2023. – ISBN 9783111029894.

https://doi.org/10.1515/9783111331577-014

Abbildungsverzeichnis

https://doi.org/10.1515/9783111331577-015

Tabellenverzeichnis

https://doi.org/10.1515/9783111331577-016

Nomenklatur

Symbol	Beschreibung	Einheit
a	Linearer Ausdehnungskoeffizient	$\mathrm{K^{-1}}$
a	Wärmeübergangskoeffizient	$\mathrm{W\,m^{-2}\,K^{-1}}$
χ_e	Elektrische Suszeptibilität	–
χ_m	Magnetische Suszeptibilität	–
ΔT	Temperaturdifferenz	K
Δt	Änderung der Zeit	s
Δx	Änderung der Ortskoordinate	m
$\dot{Q}$	Wärmestrom	W
ϵ_{KM}	Leistungsverhältnis der Kältemaschine	–
ϵ_{WP}	Leistungsverhältnis der Wärmepumpe	–
η	Wirkungsgrad	–
η_{irr}	Wirkungsgrad für irreversible Prozesse	–
η_{rev}	Wirkungsgrad für reversible Prozesse	–
η_c	Wirkungsgrad des Carnot'schen Kreisprozesses	–
γ	Volumenausdehnungskoeffizient	$\mathrm{K^{-1}}$
$\hbar$	Reduziertes Planck'sches Wirkungsquantum	J s
κ	Adiabatenexponent	–
λ	Spezifische Wärmeleitfähigkeit	$\mathrm{W\,m^{-1}\,K^{-1}}$
μ	Magnetische Permeabilität	$\mathrm{N\,A^{-2}}$
μ	Teilchenmasse	kg
μ_0	Magnetische Feldkonstante, Induktionskonstante	$\mathrm{N\,A^{-2}}$
μ_r	Relative Permeabilität	–
$\mathcal{V}$	Teilchendichte	$\mathrm{m^{-3}}$
ω	Kreisfrequenz	$\mathrm{s^{-1}}$
ω_0	Eigenfrequenz	$\mathrm{s^{-1}}$
∂A	Rand der Fläche A (Umlauflinie)	m
∂V	Rand des Volumens V (Oberfläche)	$\mathrm{m^2}$
ρ	Massendichte	$\mathrm{kg\,m^{-3}}$
ρ	Spezifischer elektrischer Widerstand	$\Omega\,\mathrm{m}$
σ	Elektrische Leitfähigkeit	$\mathrm{S\,m^{-1}}$
$\ddot{\mathrm{A}}$	Elektrochemisches Äquivalent	$\mathrm{kg\,C^{-1}}$
ε	Dielektrische Leitfähigkeit	$\mathrm{C\,V^{-1}\,m^{-1}}$
ε_0	Elektrische Feldkonstante, Dielektrizitätskonstante	$\mathrm{C\,V^{-1}\,m^{-1}}$
ε_r	Relative Permittivität	–
Φ	Magnetischer Fluss	Wb
φ	Elektrisches Potential	V
φ	Phasenwinkel	rad
ϱ	Ladungsdichte	$\mathrm{C\,m^{-3}}$
ϱ^{frei}	Freie Ladungsdichte	$\mathrm{C\,m^{-3}}$
ϑ	Temperatur	°C
ϑ_m	Mischungstemperatur	°C
A	Fläche	$\mathrm{m^2}$
a	Beschleunigung	$\mathrm{m\,s^{-2}}$
a_r	Radialbeschleunigung	$\mathrm{m\,s^{-2}}$
B	Magnetische Flussdichte	T
C	Kapazität	F

https://doi.org/10.1515/9783111331577-017

C	Wärmekapazität	$J\,K^{-1}$
c	Spezifische Wärmekapazität	$J\,kg^{-1}\,K^{-1}$
C_K	Wärmekapazität des Kalorimeters	$J\,K^{-1}$
c_p	Spezifische Wärmekapazität (isobare Prozessführung)	$J\,kg^{-1}\,K^{-1}$
c_V	Spezifische Wärmekapazität (isochore Prozessführung)	$J\,kg^{-1}\,K^{-1}$
D	Dielektrische Verschiebung	$C\,m^{-2}$
d	Abstand	m
dA	Flächenelement	m^2
dr, ds	Wegelement	m
E	Elektrische Feldstärke	$V\,m^{-1}$
E	Energie	J
e	Elementarladung	C
E_{infl}	Influenziertes elektrisches Feld	$V\,m^{-1}$
E_{kin}	Kinetische Energie	J
E_{pot}	Potentielle Energie	J
F	Kraft	N
f	Anzahl der Freiheitsgrade	–
F_r	Radialkraft	N
F_s	Kraft entlang der Bahn	N
G	Elektrische Leitfähigkeit	S
H	Magnetische Feldstärke	$A\,m^{-1}$
I	Stromstärke	A
I_1	Stromstärke durch Fläche 1	A
I_2	Stromstärke durch Fläche 2	A
I_{eff}	Effektive Stromstärke	A
I_m	Maximalwert der Stromstärke	A
J	Magnetische Polarisation	T
j	Stromdichte	$A\,m^{-2}$
k	Wellenzahl	m^{-1}
k_B	Boltzmann-Konstante	$kg\,m^2\,s^{-2}\,K^{-1}$
L	Induktivität	H
l	Länge	m
L^*	Gegeninduktivität	H
l_0	Ausgangslänge	m
M	Magnetisierung	$A\,m^{-1}$
M	Molare Masse	$kg\,mol^{-1}$
m	Masse	kg
N	Teilchenzahl	–
N	Windungszahl	–
n	Stoffmenge	mol
N_A	Avogadro-Zahl, Avogadro-Konstante	mol^{-1}
P	Leistung	W
P	Polarisation	$C\,m^{-2}$
p	Druck	W
p_x	Impuls entlang der x-Achse	$kg\,m\,s^{-1}$
Q	Ladung	C
Q	Wärmemenge	J
q	Probeladung	C
q	Spezifische Umwandlungswärme	$J\,kg^{-1}$

Q_{ab}	Abgegebene Wärmemenge	J
Q_{auf}	Aufgenommene Wärmemenge	J
Q_u	Umwandlungswärme	J
R	Radius	m
R	Universelle Gaskonstante	$J\,mol^{-1}\,K^{-1}$
R	Widerstand	Ω
r	Abstand	m
r	Radius	m
R'	Spezielle Gaskonstante	$J\,kg^{-1}\,K^{-1}$
R_1	Widerstand 1	Ω
R_2	Widerstand 2	Ω
R_λ	Wärmeleitwiderstand	$K\,W^{-1}$
S	Entropie	$J\,K^{-1}$
s	Bahnkoordinate	m
s_1	Wegpunkt 1	m
s_2	Wegpunkt 2	m
T	Absolute Temperatur	K
T	Schwingungsdauer	s
t	Zeit	s
T, T_0	Periodendauer	s
t_1	Zeit 1	s
t_2	Zeit 2	s
U	Innere Energie	J
U	Spannung	V
U	Wärmedurchgangskoeffizient	$W\,m^{-2}\,K^{-1}$
U_1	Spannung 1	V
U_2	Spannung 2	V
U_{eff}	Effektive Spannung	V
U_{ind}	Induzierte Spannung	V
U_m	Maximalwert der Spannung	V
V	Volumen	m^3
v	Geschwindigkeit	$m\,s^{-1}$
V_0	Ausgangsvolumen	m^3
v_x	Geschwindigkeit entlang der x-Achse	$m\,s^{-1}$
W	Arbeit	J
W	Mechanische Arbeit, Volumenarbeit	J
W_{el}	Energie des elektrischen Feldes	J
w_{el}	Elektrische Energiedichte	$J\,m^{-3}$
w_{em}	Gesamtenergiedichte der elektromagnetischen Felder	$J\,m^{-3}$
W_m	Energie des magnetischen Feldes	J
w_m	Magnetische Energiedichte	$J\,m^{-3}$
X	Reaktanz, Blindwiderstand	Ω
x	Ortskoordinate	m
x_1	Ortskoordinate 1	m
x_2	Ortskoordinate 2	m
Z	Impedanz, Scheinwiderstand	Ω
Z	Zahl	–
z	Wertigkeit	–

Über das Buch

Zur Entstehung des Buches

Das vorliegende Buch ist eine Fortentwicklung der klaren Dresdner Experimentalphysikschule an der TU Bergakademie Freiberg und inzwischen auch an der HTW Dresden. Gemeinsam mit den Studierenden wurde die Idee der Lehrbriefe aufgegriffen, womit das Werk auch für das Fernstudium, die Ferien oder sonstige freie Zeit geeignet ist. Die Inhalte mit akademischem Anspruch sind konzentriert und möglichst intuitiv gefasst, mit Experimenten unterlegt und insbesondere für die Hochschullehre aufbereitet. Dabei können die elementaren Grundprinzipien des spannenden Regelwerks der Elektrodynamik im ersten und der Thermodynamik im zweiten Teil des Buches über viele Brücken auf Basis vorhandener schulischer Grundkenntnisse vertieft werden. Der Themenumfang des ersten Teils beginnt mit grundlegenden Gesetzmäßigkeiten des Ladungstransports, der Elektro- und der Magnetostatik gefolgt von Phänomenen instationärer Felder wie der Induktion und reicht über energetische Betrachtungen und Erhaltungsgrößen bis hin zum Wechselstrom, elektrischen Schwingkreis und den Maxwell-Gleichungen. Der zweite Teil betrachtet zunächst grundlegende thermodynamische Größen und Zusammenhänge, geht darauffolgend auf Wärmetransportmechanismen und Zustandsänderungen von Gasen ein und schließt mit der Diskussion von Zustandsdiagrammen, Kreisprozessen und den beiden thermodynamischen Hauptsätzen. Die Autoren bringen ihre langjährigen Erfahrungen in der aktiven Lehre ein. Eine klare Gliederung wird durch frische Cartoons zum Nachdenken und Luftholen unterstützt. Kapitelzusammenfassungen untermauern die Lehrbegleitung. Das Manuskript entstand während des Sommersemesters 2023 parallel zu Vorlesung und Übungen. Eine Gruppe von Studierenden begleitete die Abfassung aktiv durch Korrekturlesen und Diskussion, zu nennen sind hier insbesondere Samuel Schwarzenberg, Niklas Stöckel und Nathan Leubner, der die Übertragung in gebundene Textform unterstützte. Das Konzept wurde dem gesamten Hörerkreis vorgestellt, durch eine Abstimmung unter der Teilnahme von 60 Studierenden bewertet und auf dieser Grundlage weiterentwickelt. In der Fachwelt bekannte Gesetze werden im Kontext üblicher Benennung gebraucht und nicht explizit zitiert. Es wird davon ausgegangen, dass mit den Möglichkeiten der aktuellen Zeit dem Leser eine entsprechende Vertiefung leicht fällt. Die Autoren denken gern an ihr Erleben der akademischen Lehre, und möchten ihrem Umfeld, das sowohl Forschung als auch administrative Unterstützung darstellt, danken. Dabei sollen insbesondere Herr Prof. Dr. Dr.(h. c.) Peter Paufler (TU Dresden), Frau Kerstin Annassi (Projektträger Jülich) und Frau Theresa Lemser (Zentrum für effiziente Hochtemperatur-Stoffwandlung Freiberg) namentlich genannt werden.

https://doi.org/10.1515/9783111331577-018

Die Autoren

Matthias Zschornak

Prof. Matthias Zschornak studierte von 2002 bis 2008 Physik an der TU Dresden. Als Festkörperphysiker vertiefte er die Themenschwerpunkte Resonante Streuung von Röntgenstrahlung und Kristallmodellierung in seiner Diplomarbeit bei Prof. Peter Paufler und der anschließenden Zeit am Helmholtz-Zentrum Dresden-Rossendorf bei Prof. Sibylle Gemming. Im Jahr 2010 folgte er Prof. Dirk C. Meyer an die TU Bergakademie Freiberg, wo er im Jahr 2015 promovierte und im Anschluss eine Arbeitsgruppe mit Fokus auf Synchrotronforschung aufbaute. Für seine Arbeiten erhielt er angesehene internationale Preise im Bereich der Kristallografie und der Festkörperphysik. Im Jahr 2023 wurde er zum Professor für Technische Physik an die Hochschule für Technik und Wirtschaft Dresden berufen. Während seiner gesamten Zeit als Wissenschaftler war er im Themengebiet des vorliegenden Werkes auch als Dozent und Übungsleiter tätig und griff in den zurückliegenden Jahren die Idee der Lehrbriefe aktiv auf.

Dirk C. Meyer

Prof. Dirk C. Meyer studierte von 1986 bis 1991 Physik an der TU Dresden. Sein Arbeitsgebiet, die Strukturaufklärung kristalliner Materialien mittels Röntgenmethoden, prägt seine Arbeit als Festkörperphysiker bis zum heutigen Tage. Seine Promotion im Jahre 2000 fertigte er unter Leitung von Prof. Peter Paufler an. Danach leitete er eine selbstständige Nachwuchsgruppe an der TU Dresden und im Jahr 2007 erfolgte die Berufung auf die Juniorprofessur für Nanostrukturphysik. Im Jahr 2009 wurde er zum Professor für Experimentelle Physik an die TU Bergakademie Freiberg berufen. In den Jahren 2010 bis 2013 gehörte er als Prorektor für Bildung und anschließend bis 2015 als Prorektor für Strukturentwicklung dem Rektorat der Universität an. Er ist Direktor des Instituts für Experimentelle Physik und Wissenschaftlicher Sprecher des Zentrums für effiziente Hochtemperatur-Stoffwandlung an der TU Bergakademie Freiberg. Im Jahr 2023 wurde er zum Ordentlichen Mitglied der Sächsischen Akademie der Wissenschaften zu Leipzig berufen.

https://doi.org/10.1515/9783111331577-019

Die Grafikerin

Franziska Thiele

Schon in jungen Jahren hegte Franziska Thiele ein ausgeprägtes Interesse an Grafik und Mediengestaltung. Die Faszination für kreative Prozesse begann als bloßes Hobby, entwickelte sich jedoch schnell zu einer Leidenschaft, die ihre akademischen und beruflichen Aktivitäten prägen. Angetrieben vom Wunsch, ihre Fähigkeiten praktisch anzuwenden, führte sie ihr Weg zunächst in eine Ausbildung zur Gestaltungstechnischen Assistentin und schließlich an die Hochschule Mittweida, wo sie derzeit ein Studium der Medieninformatik und des interaktiven Entertainments absolviert (bei Prof. Alexander Marbach). Während des Studiums hat sie ihre Kenntnisse unter anderem in den Bereichen der grafischen Gestaltung, der Programmierung und der interaktiven Medien vertieft. Über ihre akademischen Aktivitäten hinaus lebt Franziska Thiele mit zwei Stubentigern in einem Dschungel aus 14 Zimmerpflanzen, die ihr in ihrem täglichen Leben als Quelle der Inspiration dienen.

https://doi.org/10.1515/9783111331577-020

Stichwortverzeichnis

https://doi.org/10.1515/9783111331577-021

www.ingramcontent.com/pod-product-compliance
Lightning Source LLC
Chambersburg PA
CBHW081534220326

41598CB00036B/6431